幼稚園數學
智力潛能開發 5

何秋光　著

新雅文化事業有限公司
www.sunya.com.hk

作者介紹

何秋光是中國著名幼兒數學教育專家、「兒童數學思維訓練」課程的創始人，北京師範大學實驗幼稚園專家。從業 40 餘年，是中國具豐富的兒童數學教學實踐經驗的學前教育專家。自 2000 年至今，由何秋光在北京師範大學實驗幼稚園創立的數學特色課「兒童數學思維訓練」一直深受廣大兒童、家長及學前教育工作者的喜愛。

幼稚園數學智力潛能開發 ⑤

作　　者：何秋光
責任編輯：陳志倩
美術設計：蔡學彰
出　　版：新雅文化事業有限公司
　　　　　香港英皇道 499 號北角工業大廈 18 樓
　　　　　電話：（852）2138 7998
　　　　　傳真：（852）2597 4003
　　　　　網址：http://www.sunya.com.hk
　　　　　電郵：marketing@sunya.com.hk
發　　行：香港聯合書刊物流有限公司
　　　　　香港荃灣德士古道220-248號荃灣工業中心16樓
　　　　　電話：（852）2150 2100
　　　　　傳真：（852）2407 3062
　　　　　電郵：info@suplogistics.com.hk
印　　刷：中華商務彩色印刷有限公司
　　　　　香港新界大埔汀麗路36號
版　　次：二〇一九年六月初版
　　　　　二〇二二年一月第三次印刷

ISBN: 978-962-08-7282-2
© 2019 Sun Ya Publications (HK) Ltd.
18/F, North Point Industrial Building, 499 King's Road, Hong Kong
Published in Hong Kong, China
Printed in China

前言

　　本系列是專為 3 至 6 歲兒童編寫的數學益智遊戲類圖書，讓兒童有系統地學習數學知識與訓練數學思維。全套共有 6 冊，全面展示兒童在幼稚園至初小階段應掌握的數學概念。

　　本系列根據兒童數學的教育目標和內容編寫而成，並配合兒童邏輯思維發展和認知能力，按照各年齡階段所應掌握的數學認知概念的先後順序，提供了數、量、形、空間、時間及思維等方面的訓練。在學習方式上，兒童可以通過觀察、剪貼、填色、連線、繪畫、拼圖等多種形式來進行活動，從而培養兒童對數學的興趣。

　　每冊的內容結合了數學和生活認知兩大方面，引導兒童發現原來生活中許多問題都與數學息息相關，並透過有趣而富挑戰性的遊戲，開發孩子的數學潛能，希望兒童能夠從這套圖書中獲得更多的數學知識和樂趣。

六冊學習大綱

冊數	數學概念	學習範疇
第 1 冊	比較和配對	按大小、圖案、外形和特性配對
	分類	相同和不相同；按大小、顏色、形狀、特徵分類
	比較和排序	按大小、長短、高矮、規律排序
	幾何圖形	正方形、三角形、圓形
	空間和方位	上下、裏外
	時間	早上和晚上
	1 和許多	認識 1 的數字和數量；比較 1 和許多的分別
	認識 5 以內的數	認識 1-5 的數字和數量
第 2 冊	分類	相同和不相同、按特徵分類、一級分類、多角度分類
	比較和排序	規律排序、比較大小、長短、高矮、粗幼、厚薄和排序
	空間和方位	上下、中間、旁邊、前後、裏外
	幾何圖形	正方形、長方形、梯形、三角形、圓形、半圓形、橢圓形、圖形組合、圖形規律、圖形判斷
第 3 冊	10 以內的數	1-10 的數字和數量、數量比較、序數、10 以內相鄰兩數的關係、相鄰兩數的轉換、10 以內的數量守恆
	思維訓練綜合練習	序數、數數、方向、規律、排序、邏輯推理

冊數	數學概念	學習範疇
第 4 冊	分類	按兩個特徵組圖、按屬性分類、按關係分類、多角度分類、分類與統計
	規律排序	規律排序、遞增排序、遞減排序、自定規律排序
	正逆排序	按大小、長短、高矮、闊窄、厚薄、輕重、粗幼排序
	守恆和量的推理	長短、面積、體積、量的推理、測量與函數的關係
	空間和方位	上下、裏外、遠近、左右
	時間	正點、半點、時間和順序、月曆
第 5 冊	平面圖形	正方形、長方形、圓形、三角形、梯形、菱形、圖形比較、圖形組合、圖形創意
	立體圖形	正方體、長方體、球體、圓柱體、形體判斷、形體組合
	等分	二等分、四等分、辨別等分、數的等分
	數的比較	大於、少於、等於
	10 以內的數	單數和雙數、序數、相鄰數、數量守恆
	添上和去掉	加與減的概念
	書寫數字 0-10	數字的寫法
第 6 冊	5 以內的加減	2-5 的基本組合、加法應用題、減法應用題、多角度分類、橫式、直式
	10 以內的加減	6-10 的基本組合、加法應用題、減法應用題、多角度分類、橫式、直式

目錄

等分

數的比較

10 以內的數

添上和去掉

書寫數字 0 – 10

數正方形（一）

正方形數一數

請你分別數一數每個圖形裏有多少個正方形（包括由多個正方形所組成的大正方形），並在括號裏填上數字。

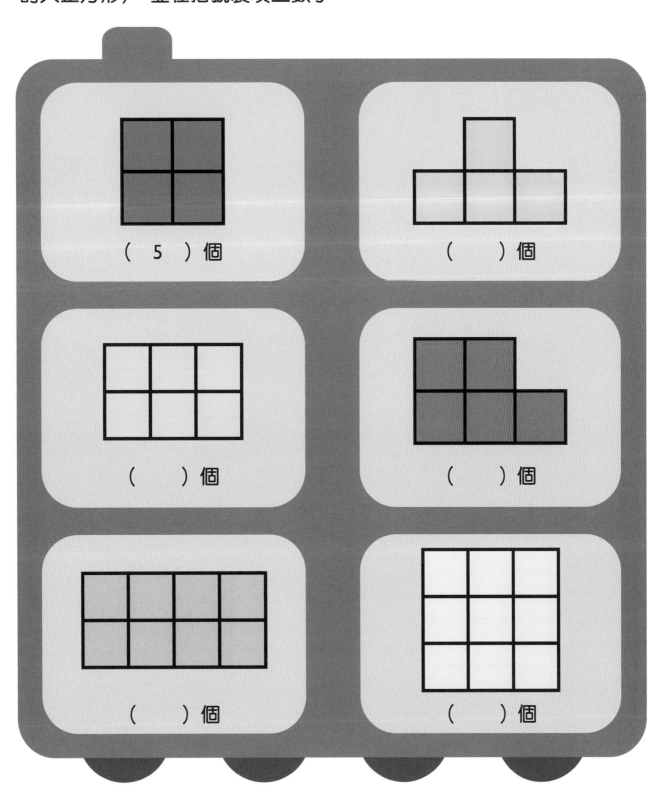

（ 5 ）個

（　）個

（　）個

（　）個

（　）個

（　）個

數正方形（二）

正方形有多少？

請你分別數一數每個圖形裏有多少個正方形（包括由多個正方形所組成的大正方形），並在括號裏填上數字。

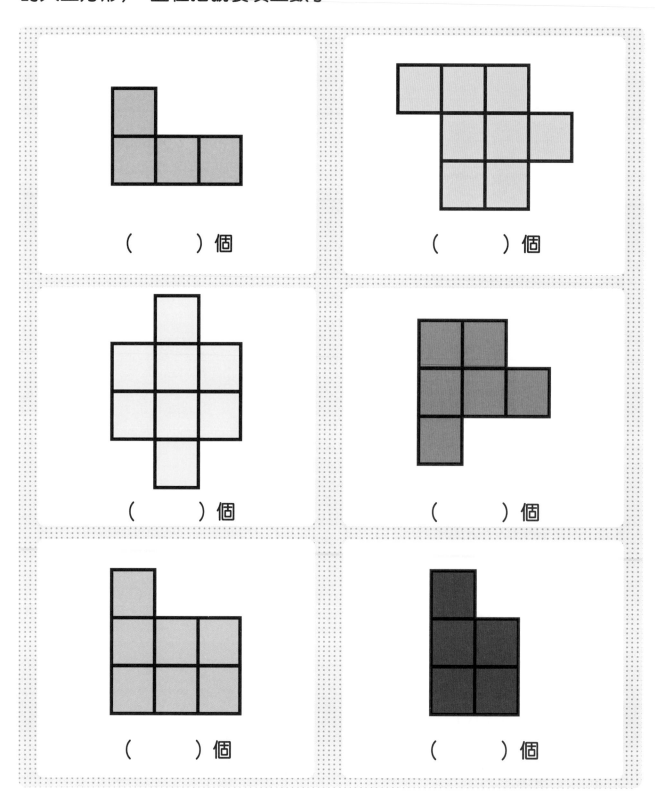

（　　　）個

（　　　）個

（　　　）個

（　　　）個

（　　　）個

（　　　）個

數長方形（一）

長方形數一數

請你分別數一數每個圖形裏有多少個長方形（包括由多個長方形所組成的大長方形），並圈出正確的答案。

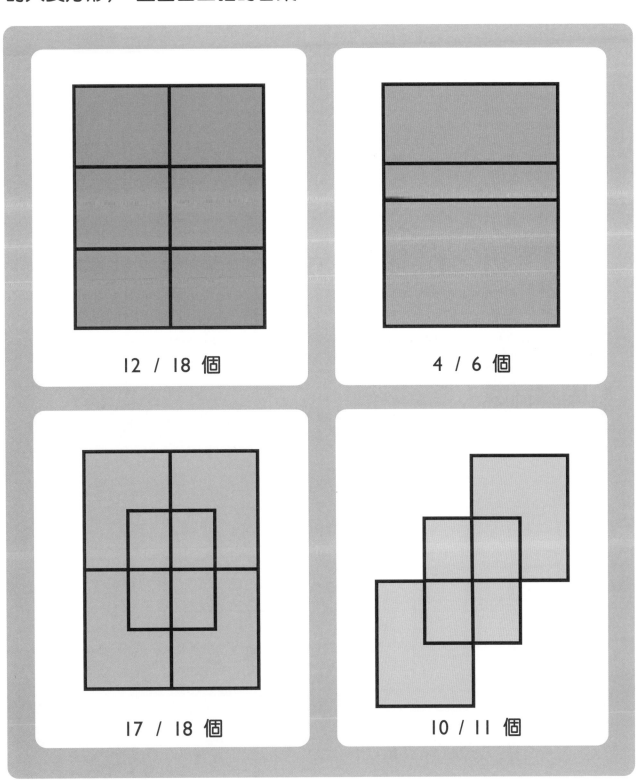

12 / 18 個

4 / 6 個

17 / 18 個

10 / 11 個

數長方形（二）

找出長方形

請你分別數一數每個圖形裏有多少個長方形（包括由多個長方形所組成的大長方形），並在括號裏填上數字。

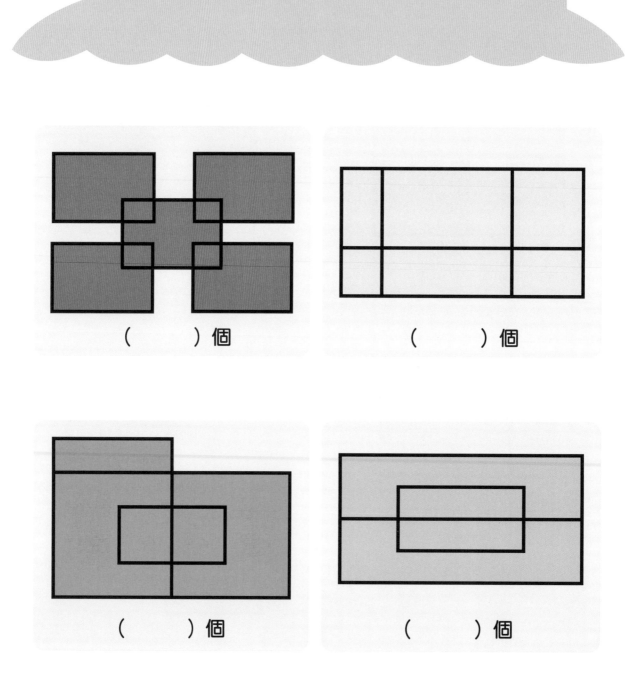

（　　　）個　　　　　　　　　（　　　）個

（　　　）個　　　　　　　　　（　　　）個

數圓形（一）
圓形數一數

請你分別數一數每個圖形裏有多少個圓形，並在括號裏填上數字。

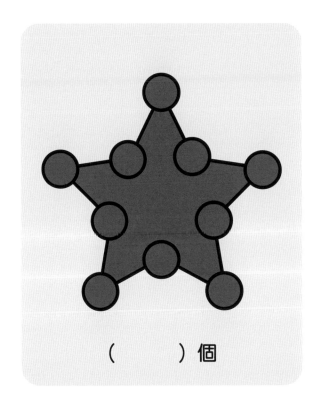

（　　　）個

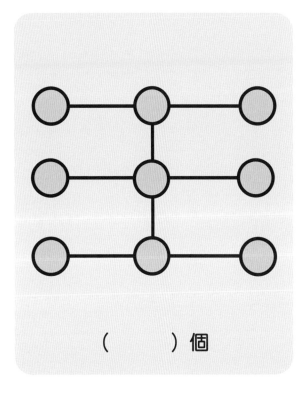

（　　　）個

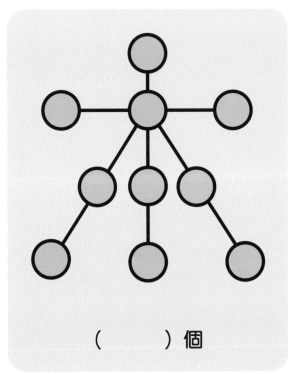

（　　　）個

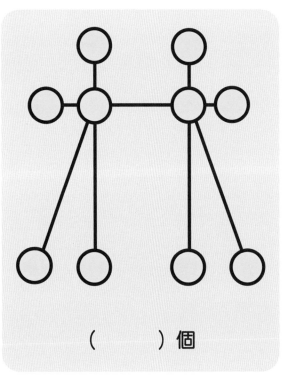

（　　　）個

數圓形（二）
找出圓形

請你分別數一數每個圖形裏有多少個圓形，並在括號裏填上數字。

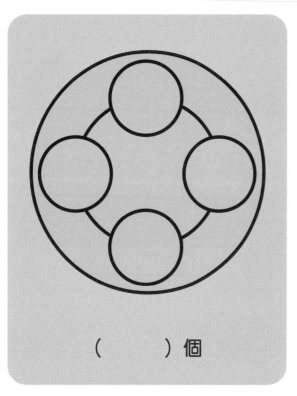

（　　　）個

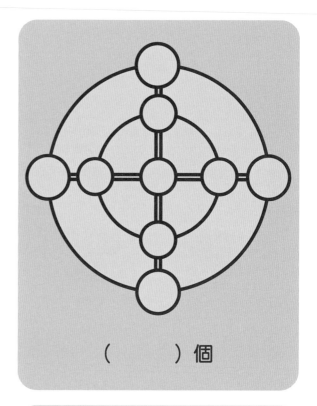

（　　　）個

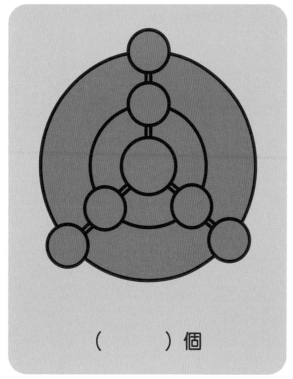

（　　　）個

（　　　）個

數三角形（一）
三角形數一數

請你分別數一數每個圖形裏有多少個三角形（包括由多個三角形所組成的大三角形），並在括號裏填上數字。

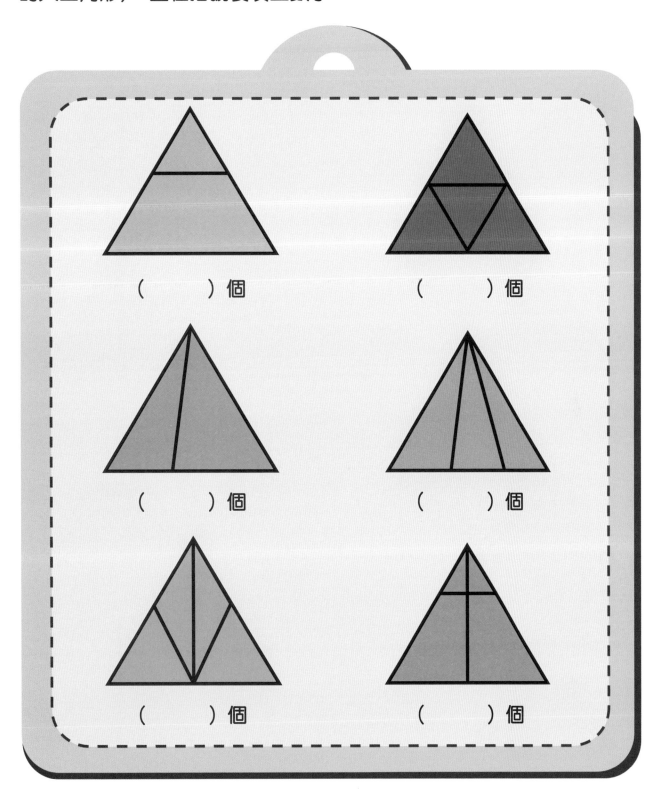

（　　　）個　　　　　　　（　　　）個

（　　　）個　　　　　　　（　　　）個

（　　　）個　　　　　　　（　　　）個

數三角形（二）
三角形連一連

請你分別數一數左右兩邊的圖形有多少個三角形（包括由多個三角形所組成的大三角形），然後用線把三角形數量相同的圖形連起來。

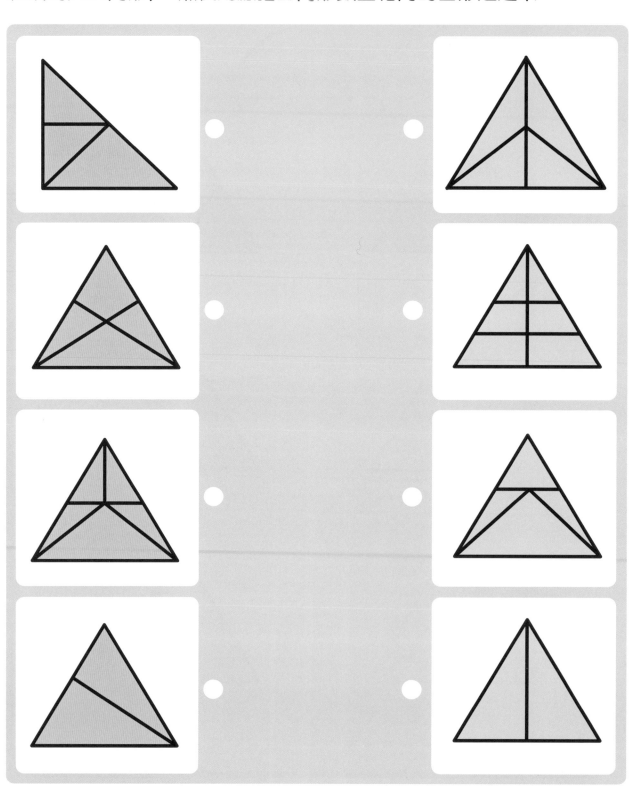

認識梯形
梯形世界

請你用顏色筆在橙色梯形的虛線上描畫（每條邊用不同的顏色），然後圈出粉紅色梯形的每個角，並在橫線上分別寫出梯形的邊和角的數量。最後再想一想，下面那些梯形的所有邊都一樣長嗎？如果一樣，就在括號裏加 ✔；如果不一樣，就在括號裏加 ✘。

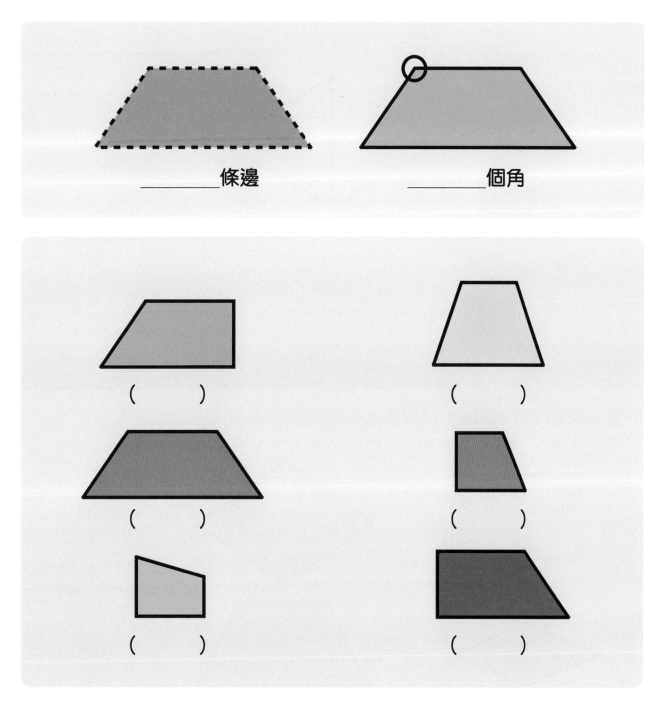

_____條邊   _____個角

(   )   (   )

(   )   (   )

(   )   (   )

認識菱形
菱形世界

請你用顏色筆在綠色菱形的虛線上描畫（每條邊用不同的顏色），然後圈出粉紅色菱形的每個角，並在橫線上分別寫出菱形的邊和角的數量。最後從卡紙頁剪下相關的活動卡，依着黃色菱形上的黑線把活動卡對摺，再想一想，菱形的邊都一樣長嗎？菱形和正方形有什麼相同和不相同的地方呢？

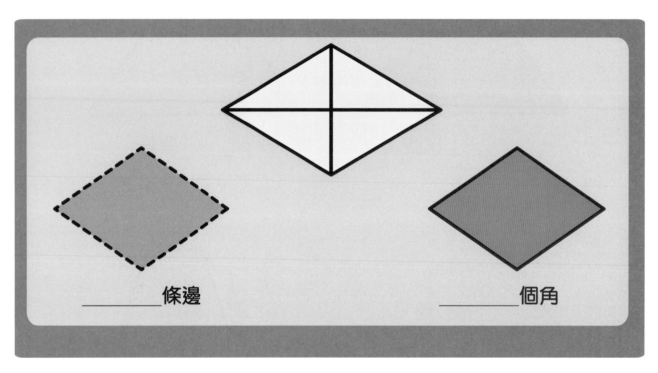

_____ 條邊   _____ 個角

下面哪些圖形不是菱形？請你在不是菱形的圖形上加 ✗。

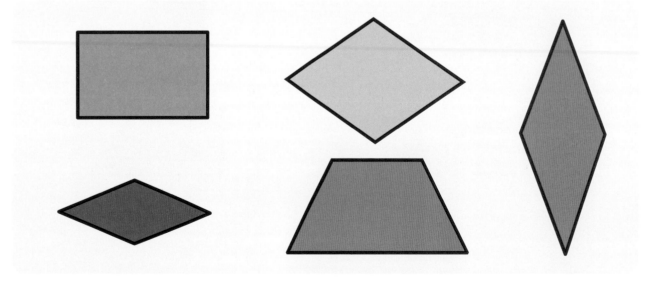

圖形比較（一）

圖形世界

請你數一數下面的圖形分別有多少條邊和多少個角，然後在相應的括號裏填上數字，並把屬於四邊形的圖形圈起來。

邊（　）
角（　）

邊（　）
角（　）

邊（　）
角（　）

邊（　）
角（　）

邊（　）
角（　）

邊（　）
角（　）

邊（　）
角（　）

邊（　）
角（　）

邊（　）
角（　）

邊（　）
角（　）

邊（　）
角（　）

邊（　）
角（　）

圖形比較（二）
四邊形世界

請你仔細觀察下面的圖形，然後想一想，哪些圖形屬於四邊形？請你在四邊形上加 ✔。

圖形比較（三）
沒有角的圖形

下面哪些圖形沒有角？請你把它們找出來，並填上顏色。

圖形組合（一）
長方形拼一拼

請你仔細觀察左邊的圖形，然後想一想，它們被分割後會變成右邊哪一組圖形呢？請你用線把相配的圖形連起來。

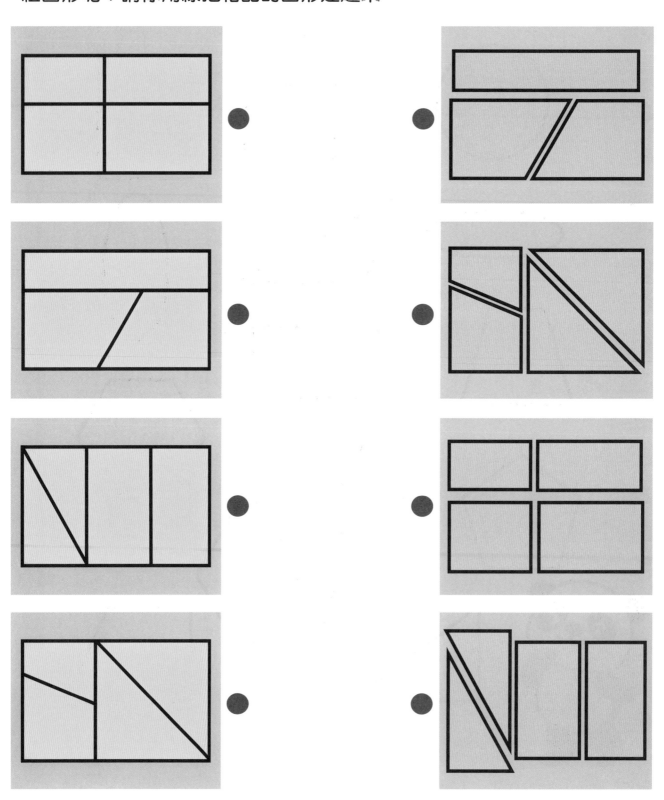

圖形組合（二）

圖形分兩半

請你分別觀察左邊的圖形，然後想一想，它們是由右邊哪兩個圖形組成的？請把正確的圖形圈起來。

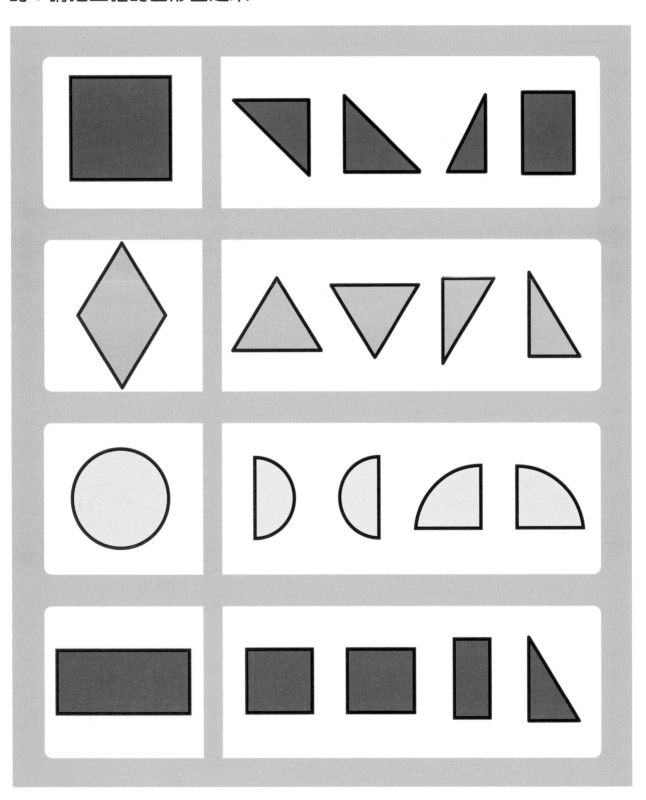

圖形組合（三）
正方形拼一拼

請你從卡紙頁剪下相關的活動卡，動手拼一拼，把能夠組成正方形的卡配對起來，然後在方格裏填上每組卡的數字。

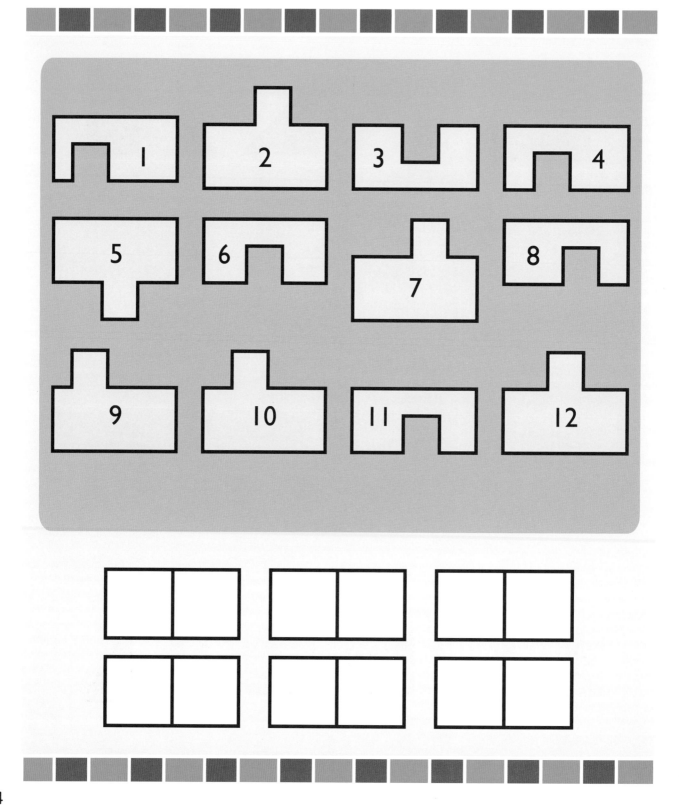

圖形組合（四）
組成正方形

請你仔細觀察左邊的圖形，然後想一想，它們分別可以和右邊的哪個圖形組成正方形呢？請把正確的圖形圈起來。

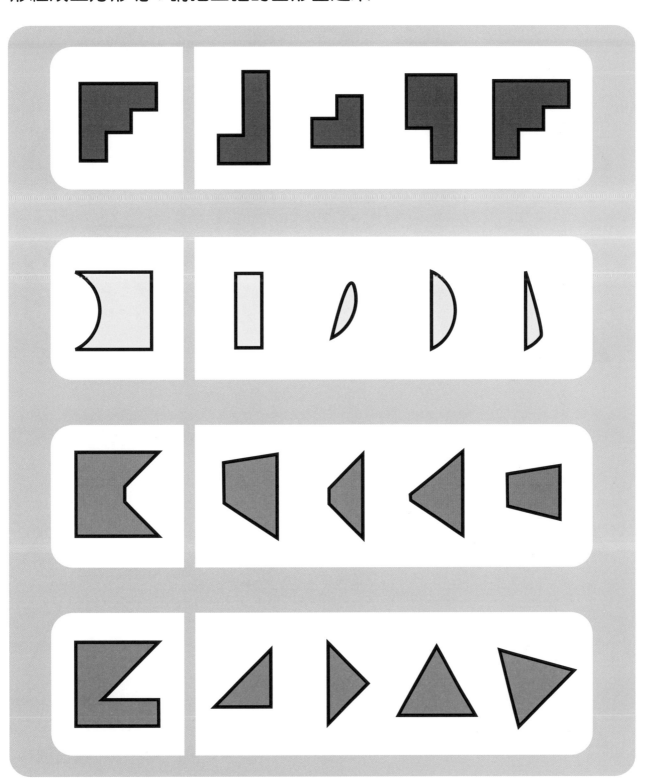

圖形組合（五）

三角形拼一拼

請你仔細觀察左邊的圖形，然後想一想，它們被分割後會變成右邊哪一組圖形呢？請你用線把相配的圖形連起來。

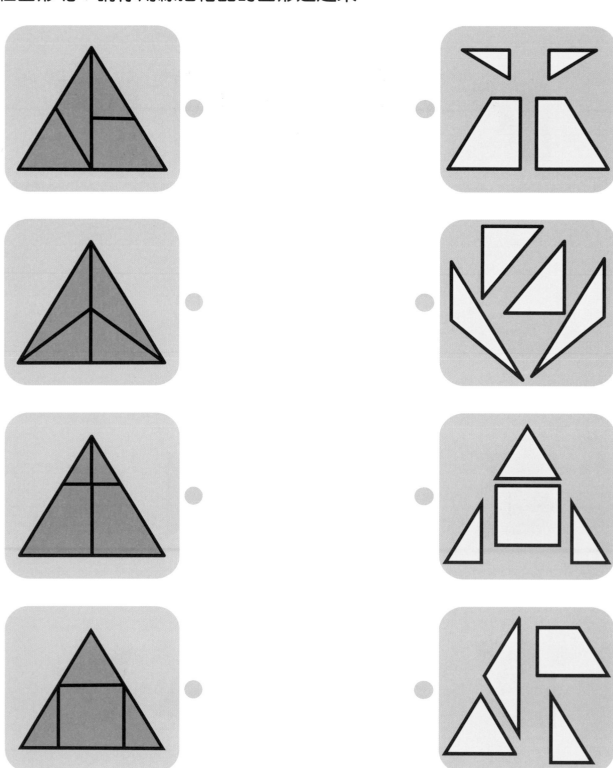

圖形組合（六）
組成長方形

請你用線把左右兩邊可以組成長方形的圖形連起來，並填上相同的顏色。

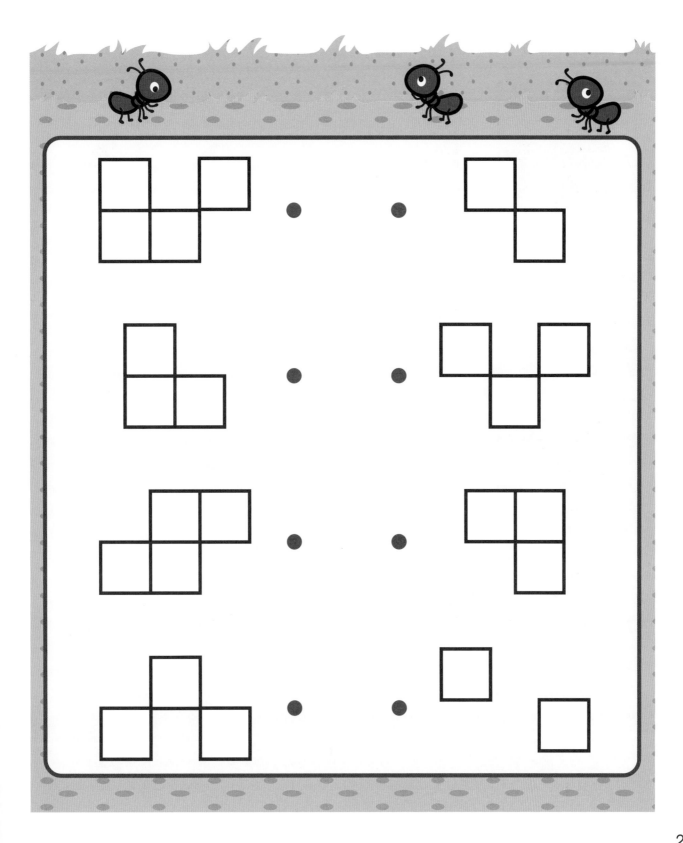

圖形判斷
缺一塊的圖形

請你分別觀察左邊的圖形缺少了哪一部分，然後在右邊把相配的圖形圈起來。

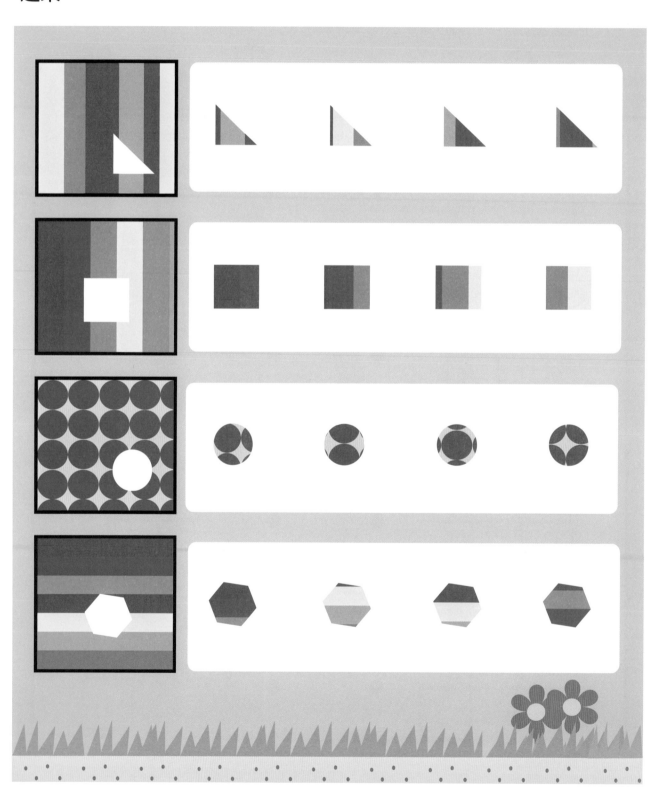

圖形創意（一）
添畫正方形

想一想，在我們的生活中有哪些東西是正方形的？請你把它們畫出來。

圖形創意（二）
添畫圓形和半圓形

想一想，在我們的生活中有哪些東西是圓形或半圓形的？請你把它們畫出來。

圖形創意（三）
用圖形畫圖畫

請你用正方形、長方形、梯形、三角形、菱形、圓形、半圓形和橢圓形畫一幅畫。你可以先想一想這些圖形和生活中哪些東西相似，然後把它們組合為一幅畫，畫在下方的空白位置。

認識正方體
正方體盒子

請你先數一數下面展開的正方體有多少個面,在括號裏填上數字,並說一說它們是什麼圖形。然後從卡紙頁剪下相關的活動卡,按照虛線折疊並黏貼成正方體。

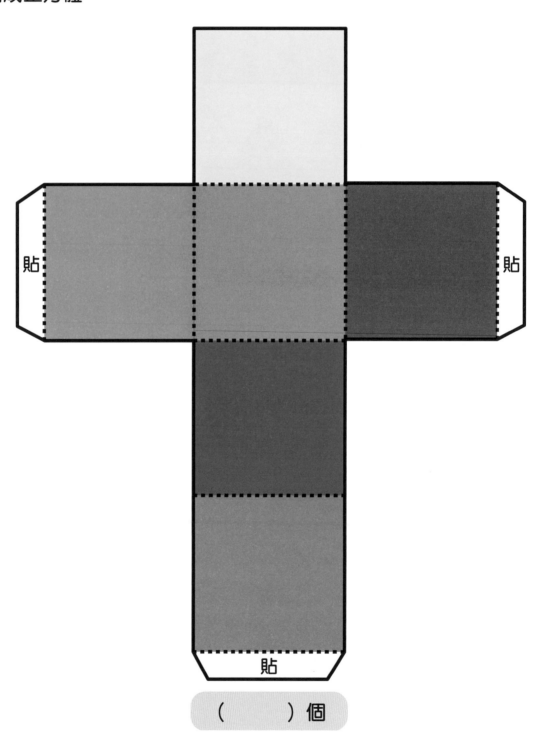

( ) 個

複習正方體
正方體的物品

下面哪些物品的形狀像正方體？請把它們圈起來。

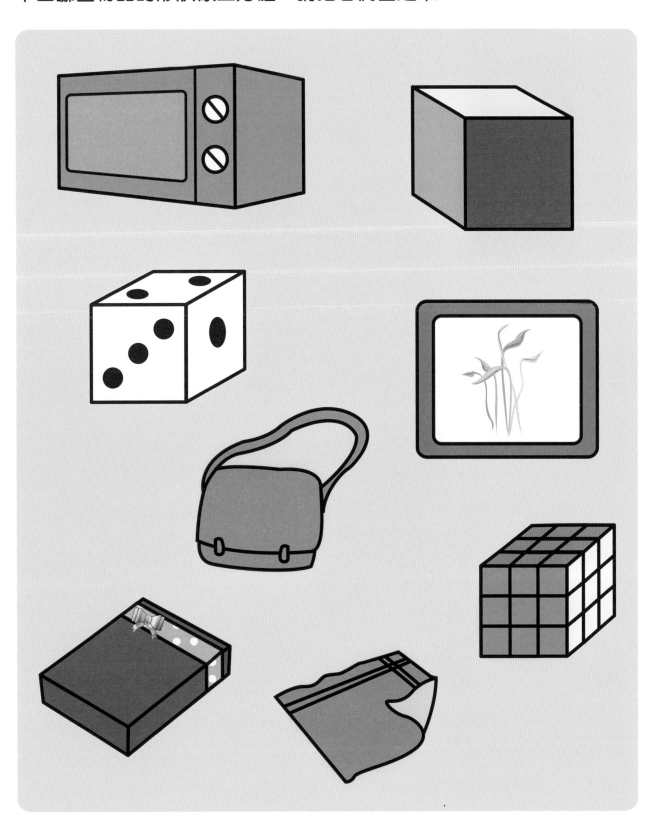

數正方體（一）
正方體數一數

請你數一數下面各圖分別由多少個正方體組成，並在括號裏填上數字。

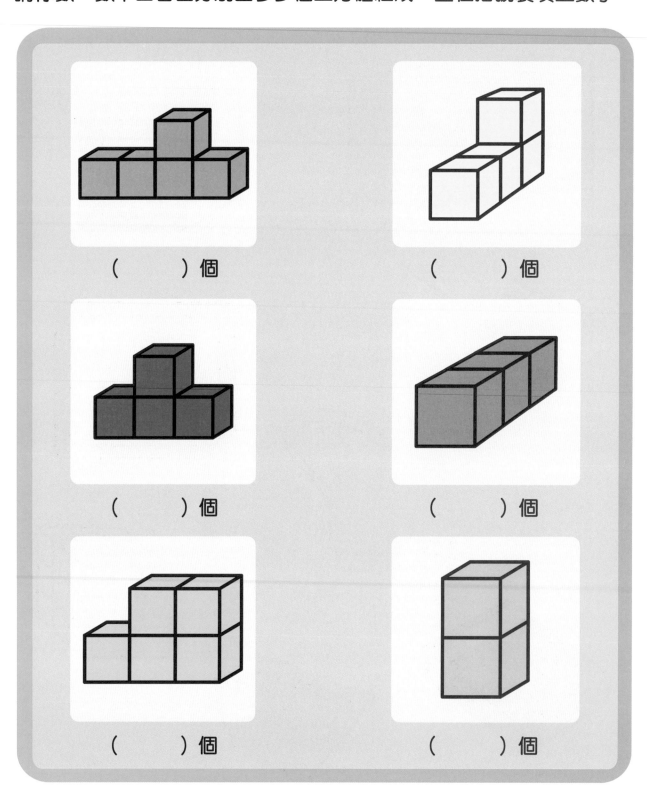

（　　　）個

（　　　）個

（　　　）個

（　　　）個

（　　　）個

（　　　）個

數正方體（二）
正方體有多少？

請你數一數下面各圖分別由多少個正方體組成，並在括號裏填上數字。

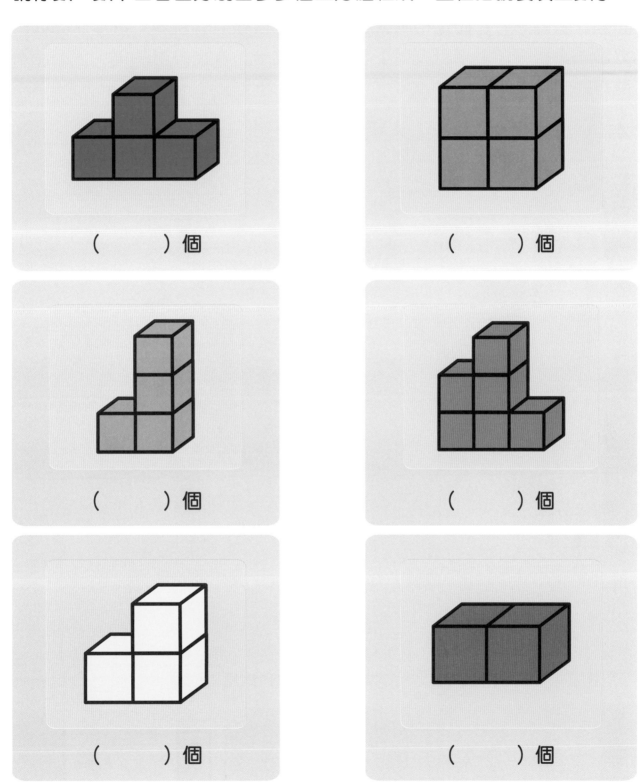

（　　）個　　　　（　　）個

（　　）個　　　　（　　）個

（　　）個　　　　（　　）個

認識長方體
長方體盒子

請你數一數下面展開的長方體共有多少個不同顏色的面,並說一說每個面是什麼圖形。它們是相同大小的嗎?然後在括號裏填上各形狀的面的數量。最後請你從卡紙頁剪下相關的活動卡,按照虛線折疊,並黏貼為長方體。

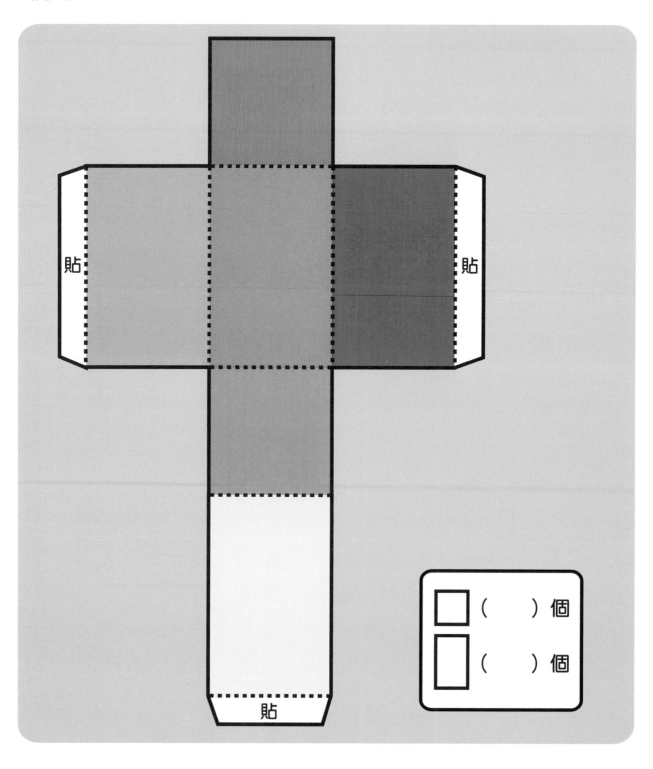

複習長方體
長方體的物品

下面哪些物品的形狀像長方體？請把它們圈起來。

認識球體
球體世界

足球是一個球體，因為無論從哪個角度看，它都是圓圓的，也能夠以任何角度滾動。請你仔細觀察下面的物品，然後圈出形狀像球體的東西。

認識圓柱體
圓柱體世界

我們平時玩的積木有很多都是圓柱體。請你仔細觀察下面的物品，然後把形狀像圓柱體的東西圈起來。

形體判斷（一）

辨別平面和立體圖形

請你仔細觀察下面的每幅圖畫，然後想一想，哪些圖畫是由立體圖形組成的，就在括號裏加 ✔；哪些圖畫是由平面圖形組成的，就在括號裏加 ✘。

（　　　）

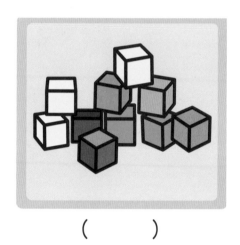

（　　　）

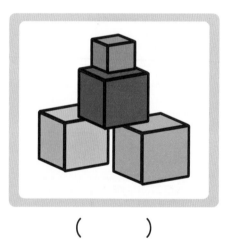

（　　　）

（　　　）

（　　　）

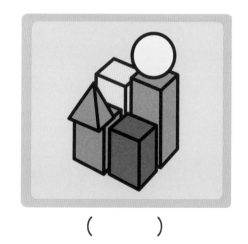

（　　　）

形體判斷（二）
平面圖形與立體圖形

請你仔細觀察下面的圖畫，然後在平面圖形的圓圈裏填上紅色，在立體圖形的圓圈裏填上藍色。

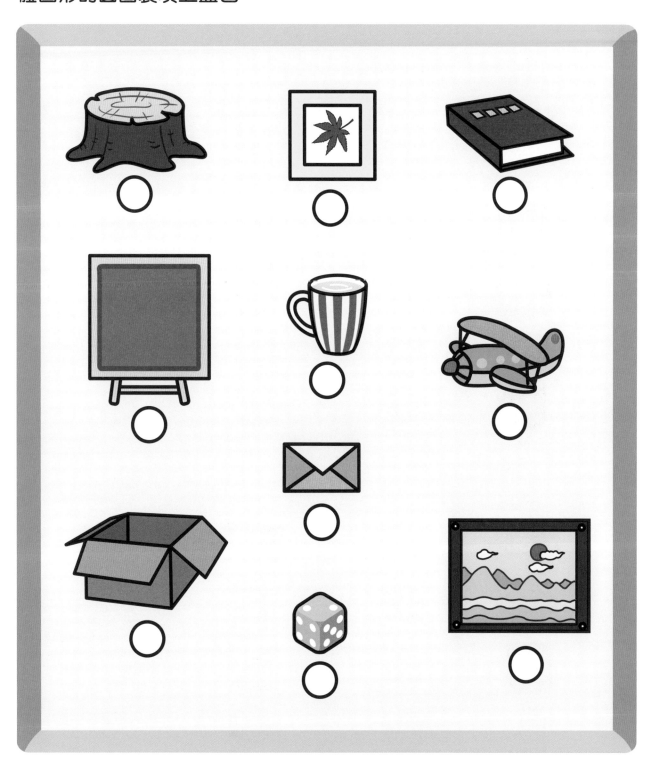

形體判斷（三）
找出立體圖形

請你準備紅色和藍色的顏色筆，如果以下的圖形是平面圖形，就給圖形旁邊的小花填上紅色；如果是立體圖形，就給圖形旁邊的小花填上藍色。

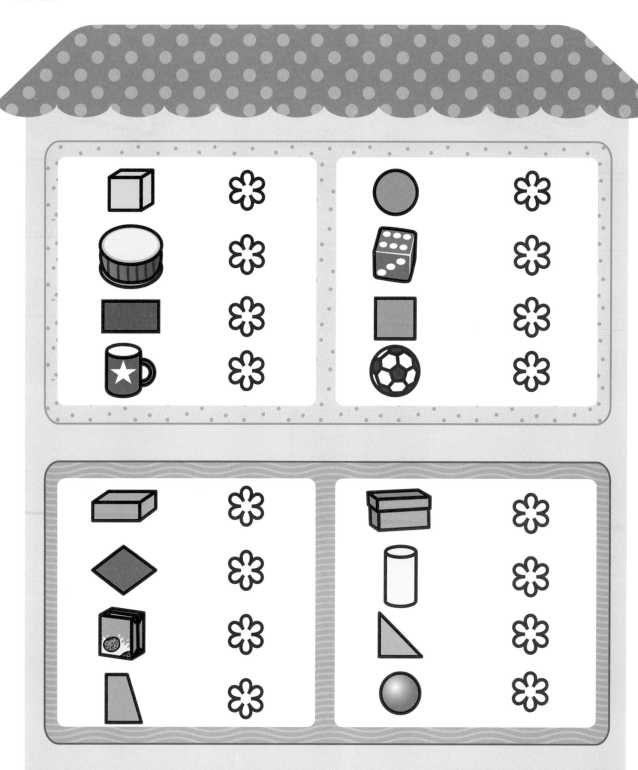

形體判斷（四）
站得穩的積木

請你仔細觀察下面每組積木，然後想一想，哪組積木能站得穩的，就在括號裏加 ✔；哪組積木站不穩的，就在括號裏加 ✘。

(   )

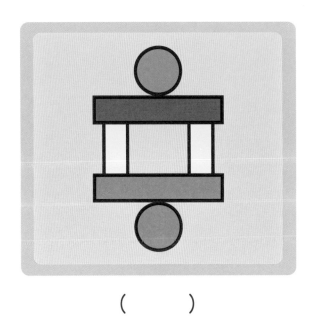

(   )

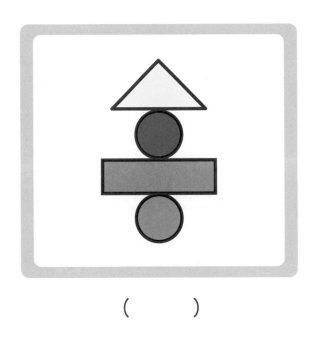

(   )

(   )

形體判斷（五）
積木連線

請你仔細觀察左邊疊起了的積木，然後想一想，它們分別是用右邊哪一組積木砌成的？請你用線把相配的積木連起來。

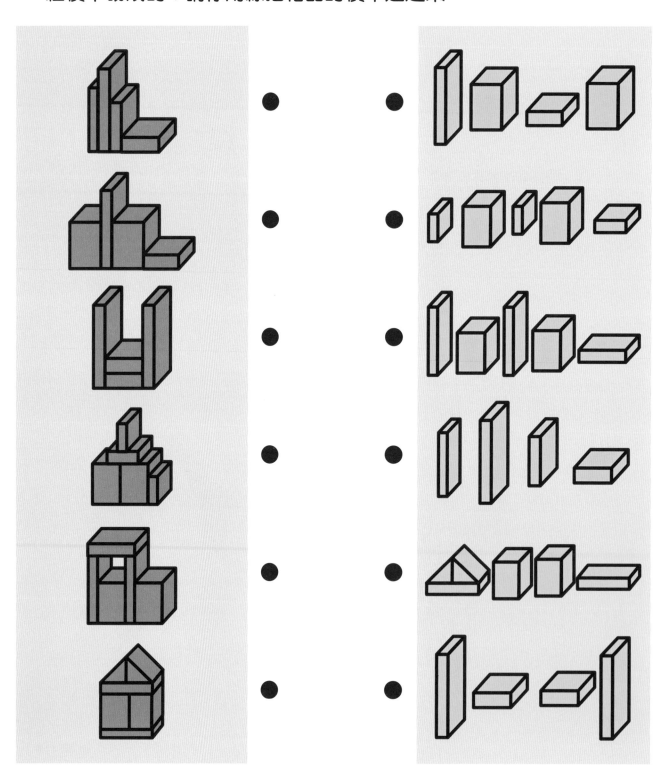

形體判斷（六）
砌積木

請你仔細觀察左邊疊起了的積木，然後想一想，它們分別是用右邊哪一組積木砌成的？請你用線把相配的積木連起來。

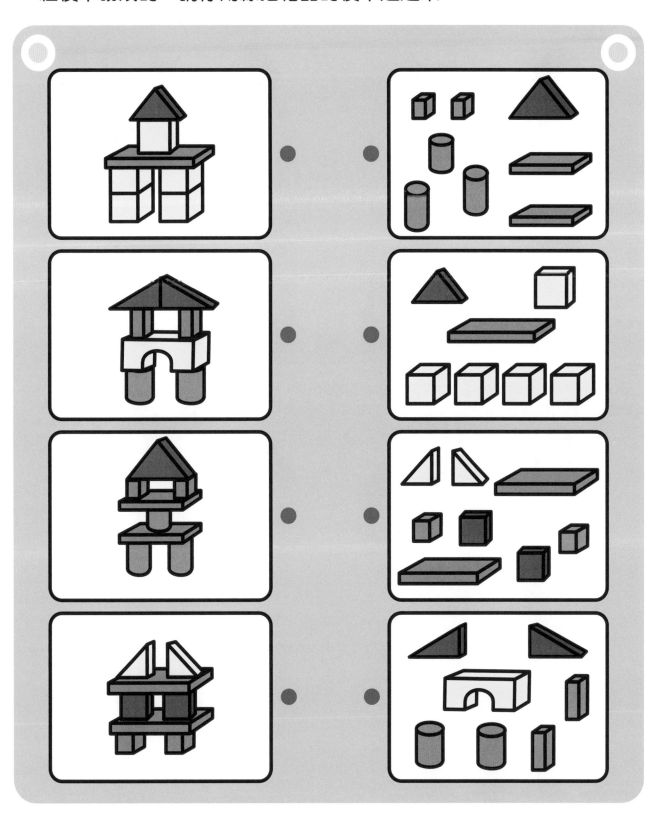

形體判斷（七）
積木的影子

請你仔細觀察下面疊起了的積木，然後想一想，它們的影子分別是哪一個呢？請你用線把積木與相配的影子連起來。

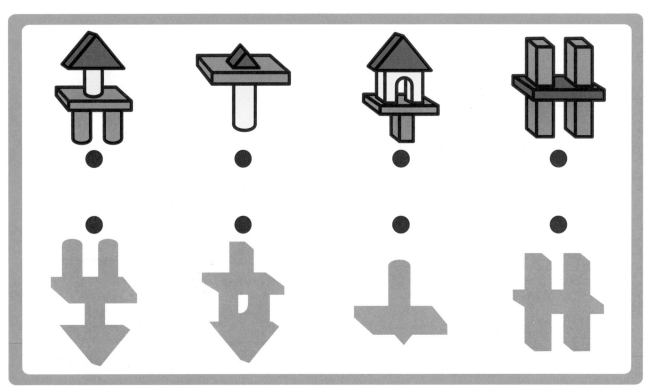

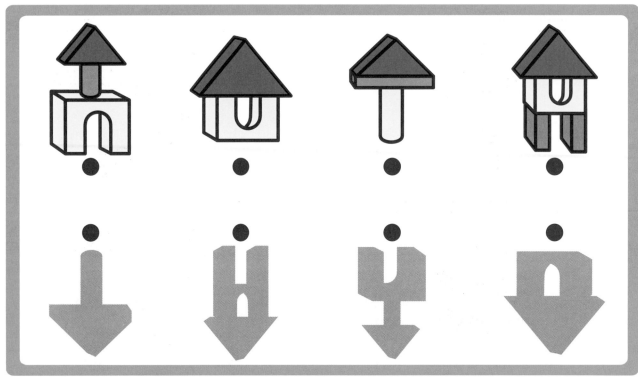

形體組合（一）
畫出圖形

請你仔細想一想，利用右邊哪個立體圖形可以分別畫出左邊的平面圖形？請把正確的立體圖形圈起來。

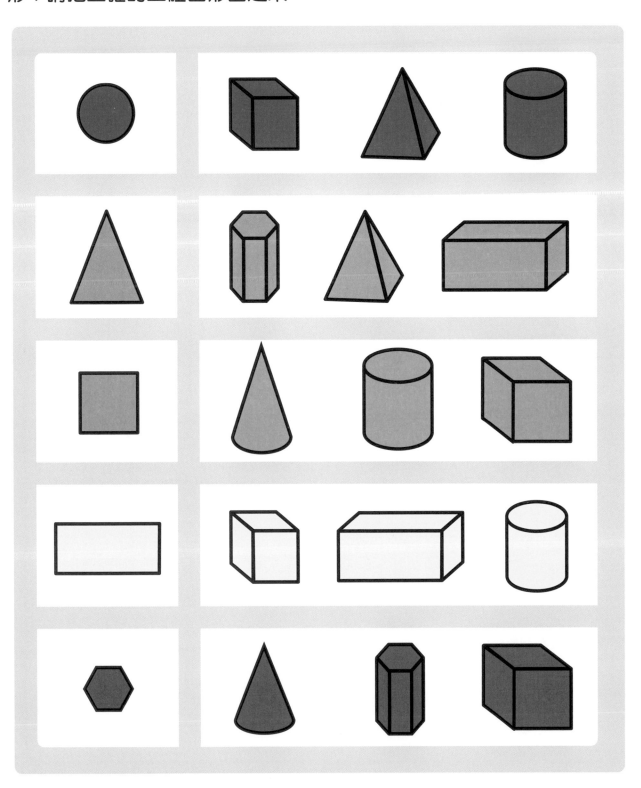

形體組合（二）
展開的立體圖形

請你仔細觀察左邊的立體圖形，然後想一想，它們展開後會變成右邊哪一個圖形呢？請你用線把相配的圖形連起來。

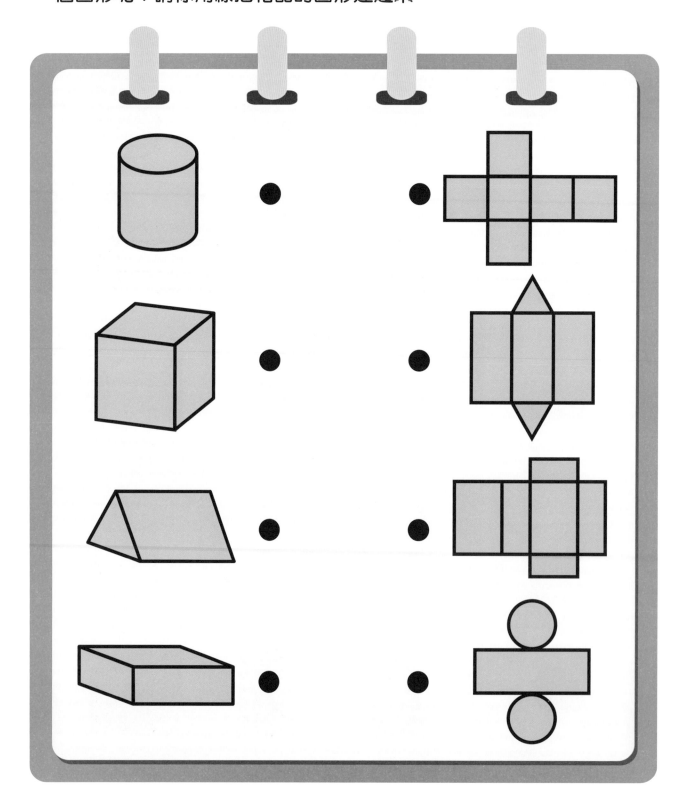

形體組合（三）
立體圖形拼一拼

想一想，右邊的立體圖形分別是由左邊哪幾個平面圖形組成的？請你把相應的圖形圈起來。

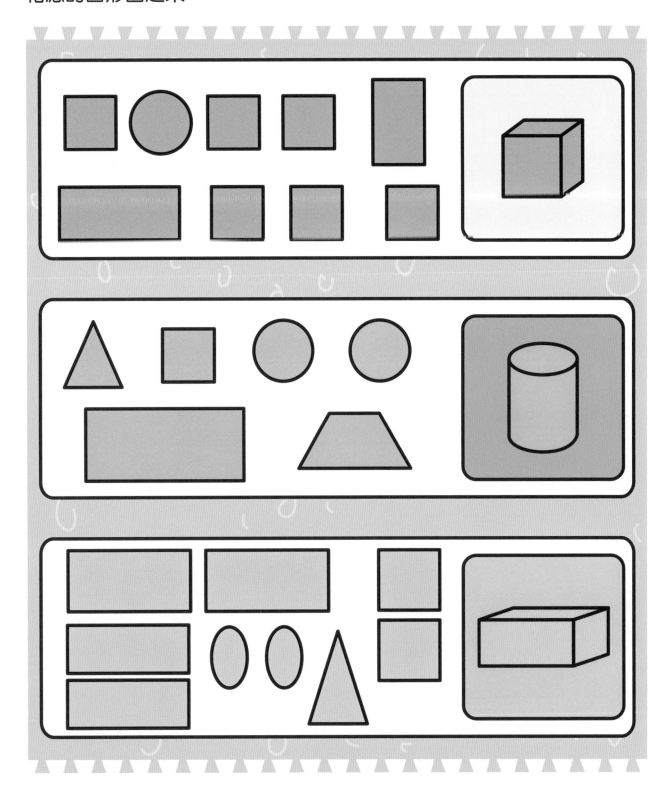

形體組合（四）
拼立體圖形

左邊的 3 組平面圖形，分別可以組成右邊哪個立體圖形？請你用線把相配的圖形連起來。

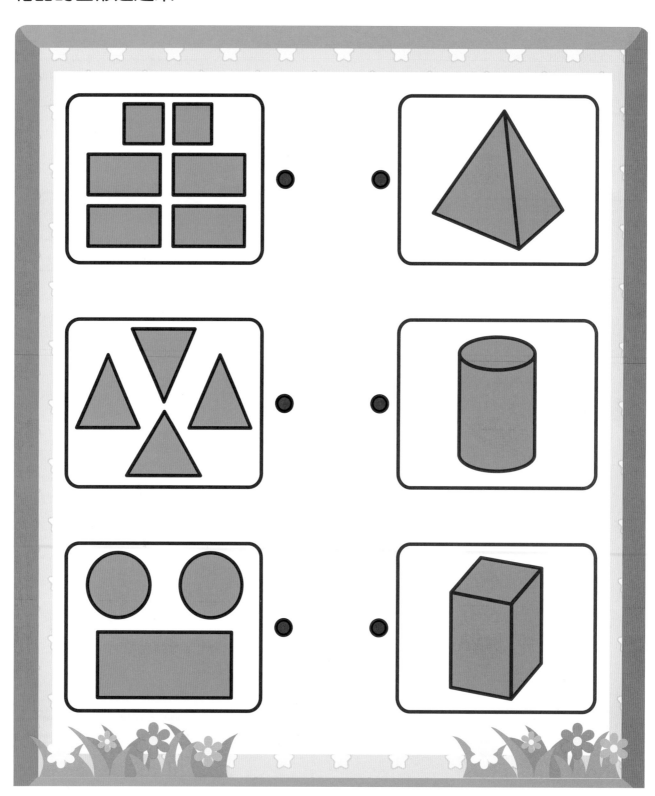

形體組合（五）
配合蓋

請你看看下面的盒子，它們分別與哪個盒蓋相配呢？請你用線把盒子和相配的盒蓋連起來。

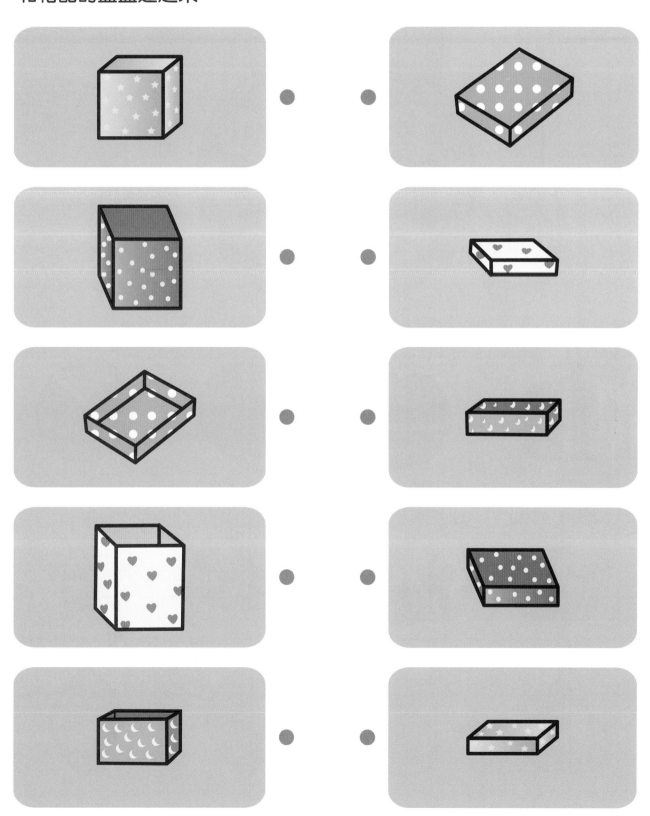

二等分（一）
實物二等分

請你先觀察被切開為 2 份大小相同的比薩餅，然後在下面每組圖畫裏，把被分為 2 份大小相同的食物圈起來。

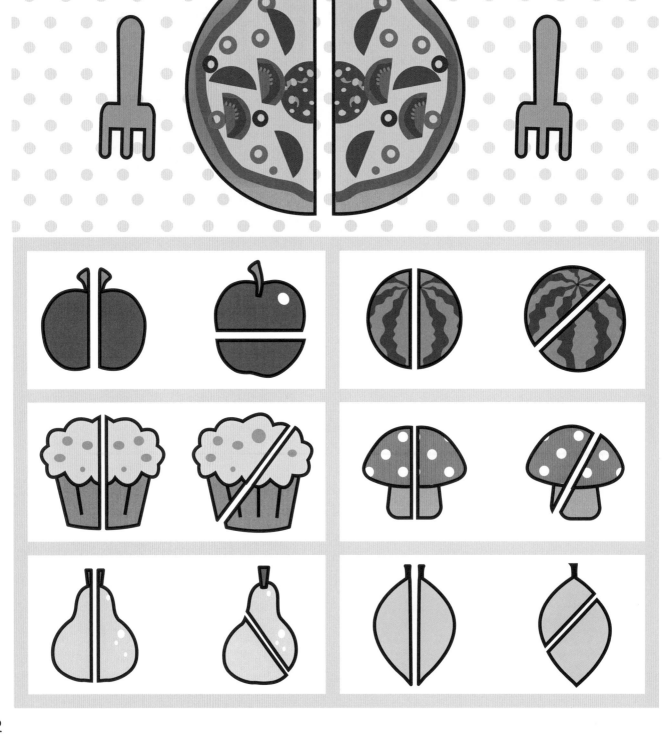

二等分（二）
圖形二等分

請你看看下面的圖形，如果是二等分的，就在括號裏加 ✔；如果不是
二等分的，就在括號裏加 ✗。（提示：二等分即分成一樣大小的兩份。）

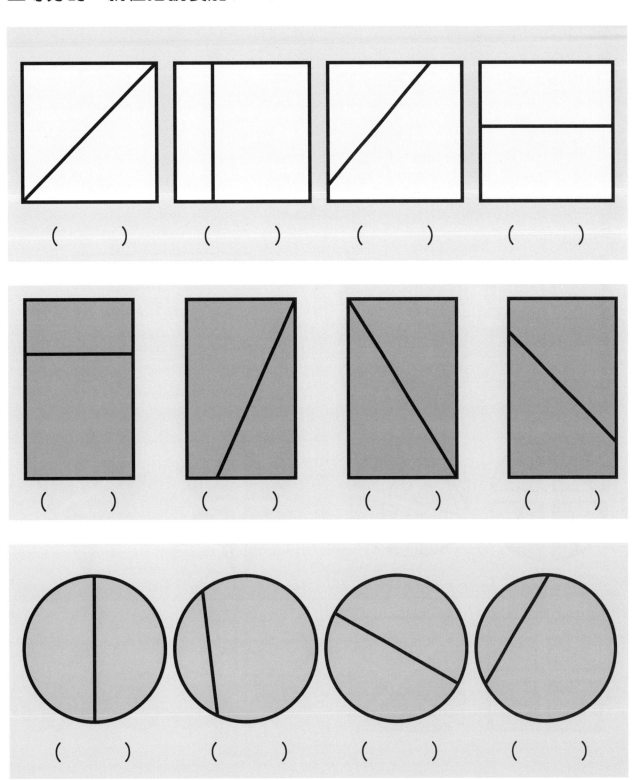

四等分（一）
實物四等分

請你先觀察被切開為 4 份大小相同的比薩餅，然後在下面每組圖畫裏，圈出被分為 4 份大小相同的物品。

四等分（二）
圖形四等分

請你看看下面的圖形，如果是四等分的，就在括號裏加 ✔；如果不是四等分的，就在括號裏加 ✘。（提示：四等分即分成一樣大小的四份。）

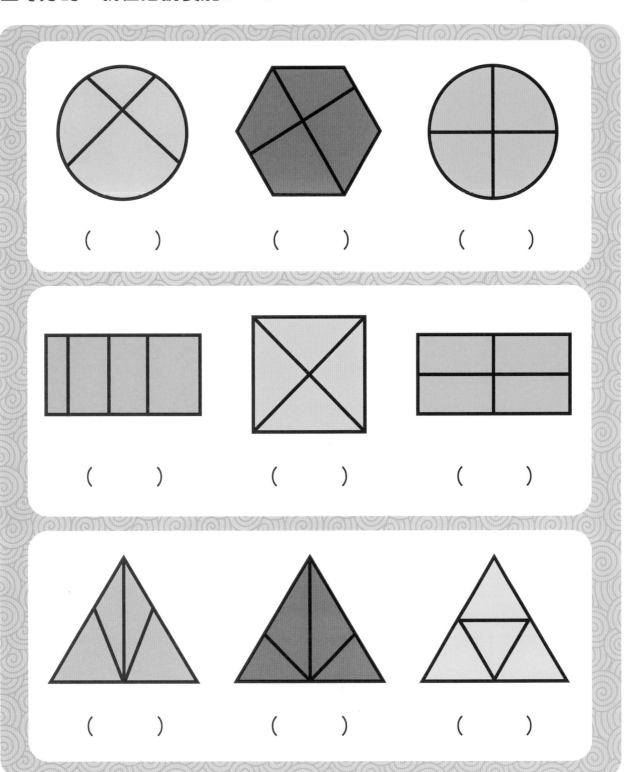

辨別等分（一）

物品等分判斷

請你仔細觀察下面的物品，如果是等分的，就在括號裏加 ✔；如果不是等分的，就在括號裏加 ✘。

辨別等分（二）
圖形等分判斷

請你數一數下面每個圖形被分為多少份，每份的大小都相同嗎？如果相同，就在括號裏加 ✔，不同的就加 ✘。完成後請說一說，等分後的圖形是什麼形狀的？

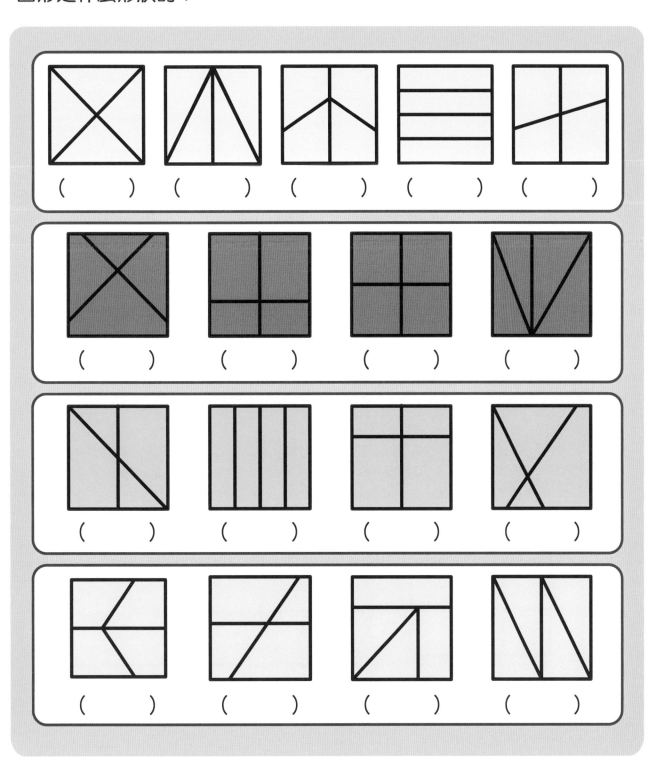

辨別等分（三）
等分填顏色

請你數一數下面每個圖形被分為多少等份，然後選擇自己喜歡的顏色筆，把每個圖形的各部分填上不同的顏色。

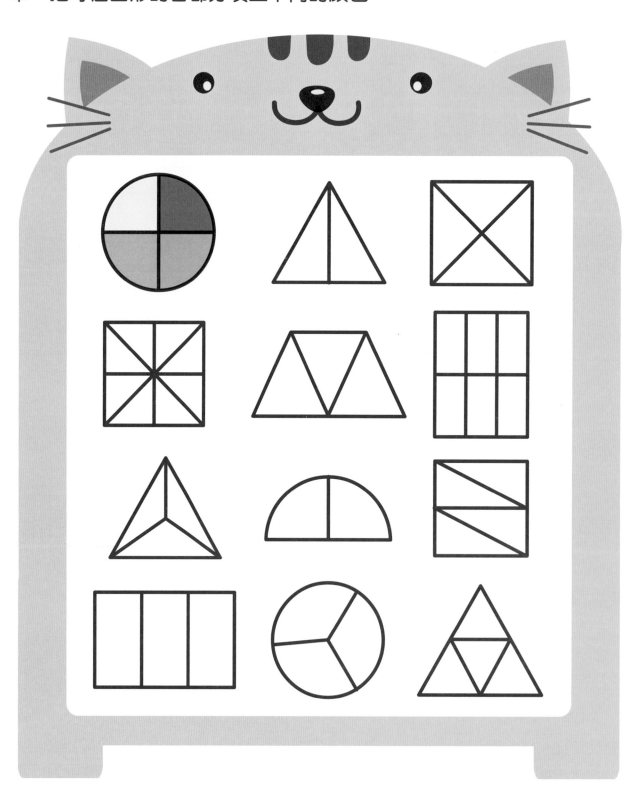

數的等分（一）
分水果

請你把左邊的每組水果分到右邊的 2 個碟子裏（每個碟子裏的水果數量相同），並在碟子裏填上水果的數量。

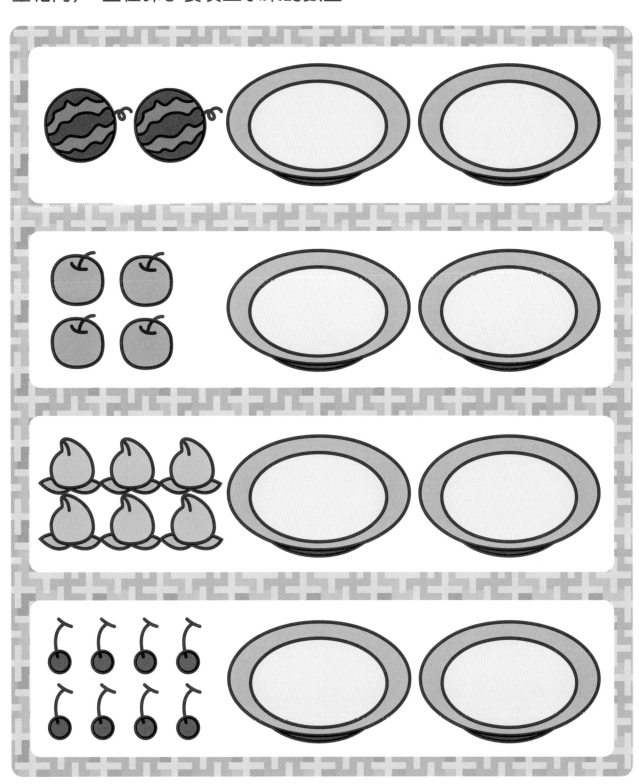

數的等分（二）

猴子分桃

如果把 6 個桃子分別分給 2 隻、3 隻和 6 隻猴子，每隻猴子分到的桃子數量要相同，該怎樣分呢？請在方格裏分別填上桃子的數量。

數的等分（三）

分食物

請你看看每種食物下面有多少隻小動物，如果每隻小動物分到的食物數量相同，牠們分別能得到多少份食物呢？請在方格裏分別填上食物的數量。

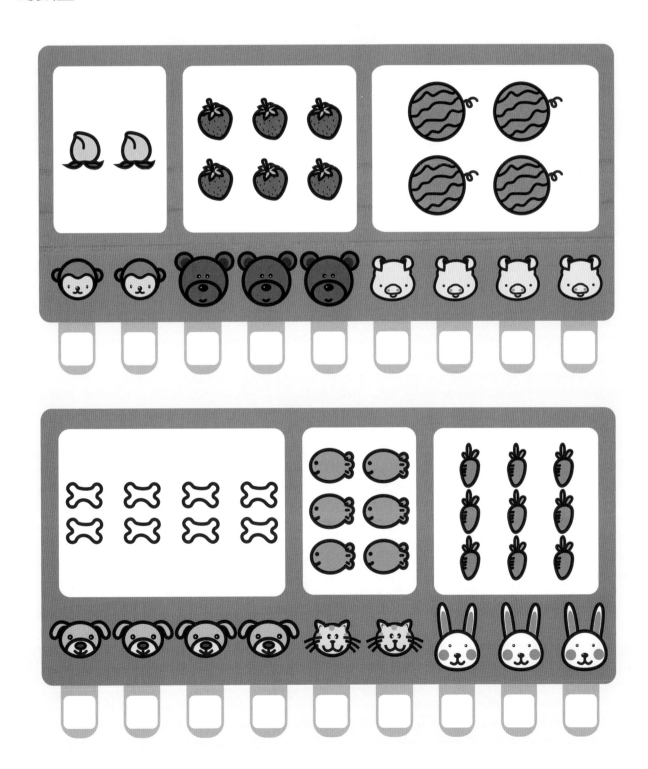

數的等分（四）

分乘客

請你按照下面的指示回答問題。

如果有 2 輛校車載着 6 個小朋友，每輛校車裏的人數一樣多，請你想一想，每輛校車上有多少個小朋友？請在括號裏寫出相應的人數。

（　　　　）人　　　　（　　　　）人

如果有 3 輛校車載着 6 個小朋友，每輛校車裏的人數一樣多，請你想一想，每輛校車上有多少個小朋友？請在括號裏寫出相應的人數。

（　　　　）人　　　　（　　　　）人　　　　（　　　　）人

數的等分（五）

分香蕉

請你按照下面的指示把香蕉分為數量相同的若干組，並把每組香蕉的數量分別填在括號裏。

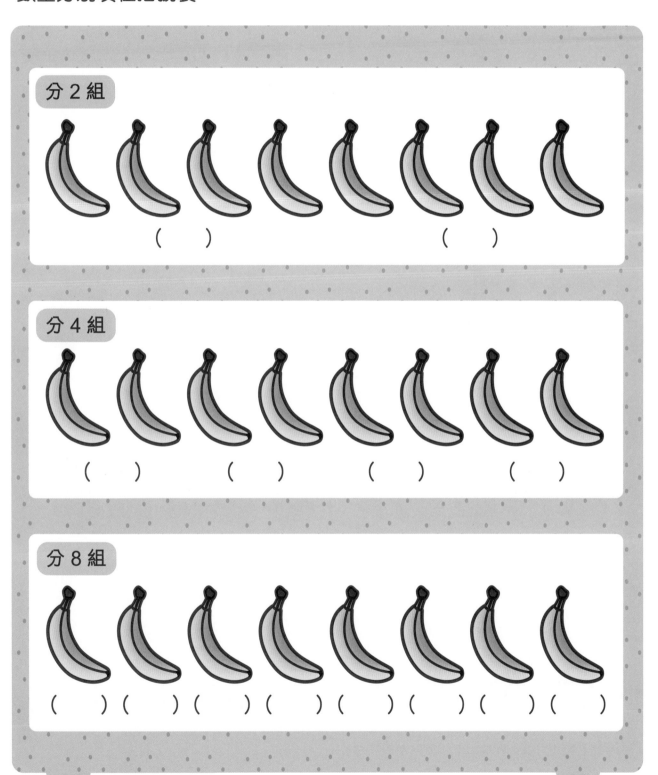

分2組

（　　）　　　　（　　）

分4組

（　　）　（　　）　（　　）　（　　）

分8組

（　）（　）（　）（　）（　）（　）（　）（　）

數的比較（一）

認識等號

請你分別數一數下面的水果，如果左右兩邊的水果數量相同，就在方格裏加 =；如果數量不同，就在方格裏加 ✗。

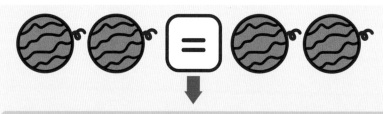

這是等號，等號表示兩邊的東西數量相同。

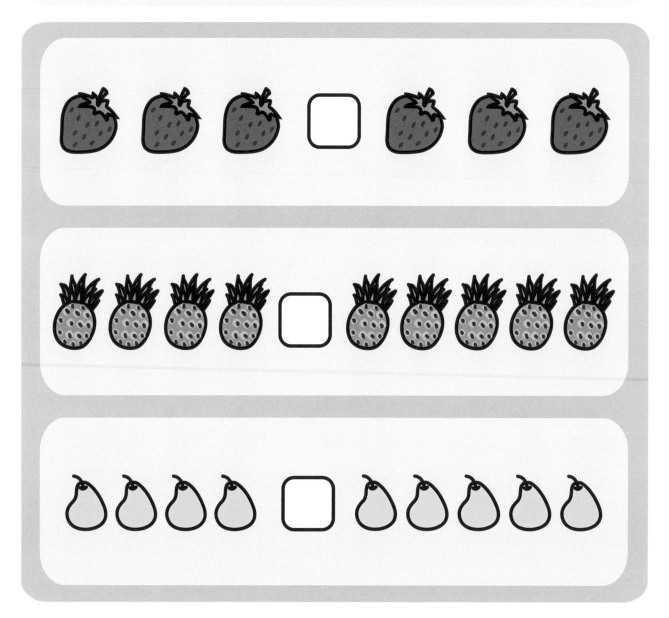

數的比較（二）
認識大於和小於的符號

請你分別數一數下面的蔬菜，看看哪邊多、哪邊少，然後在方格裏填上符號＞或＜。

符號張開的一邊，代表那邊大或多；符號尖嘴指向的一邊，代表那邊小或少。

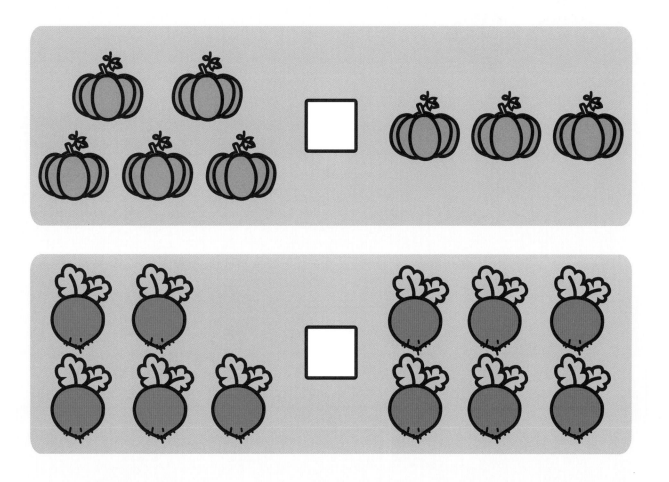

數的比較（三）
複習大於和小於的符號

請你先觀察下面每組圖畫裏大於或小於的符號，然後分別在框內畫出與符號相應的物品數量，並在圓圈裏填上相應的數字。

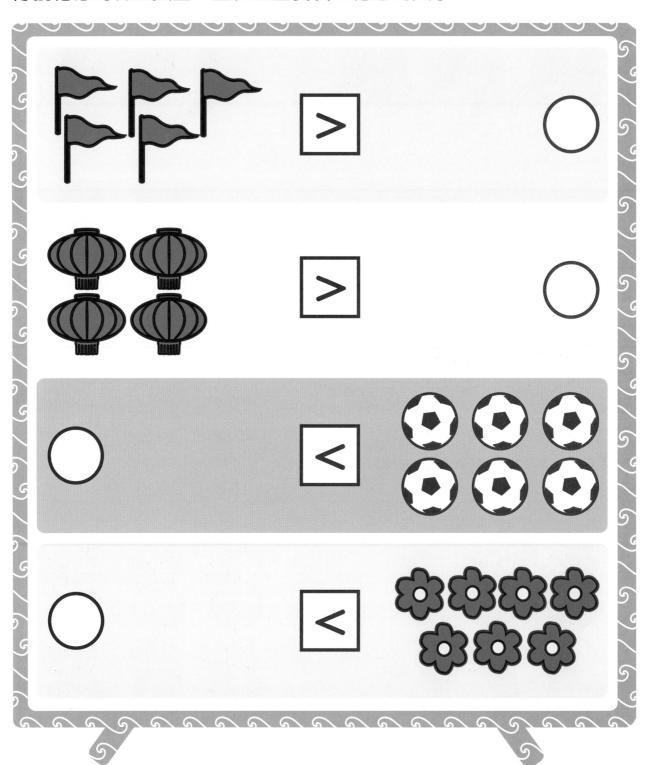

數的比較（四）

比一比

請你分別數一數下面的東西數量，然後在方格裏填上相應的數字，並比一比每組兩邊東西的數量，在圓圈裏填上符號＞或＜。

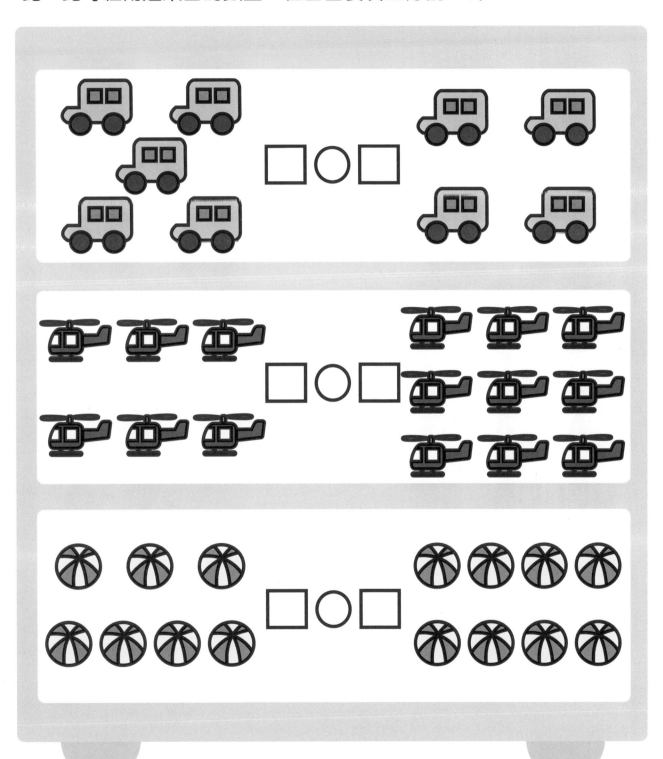

數的比較（五）

填符號

請你分別數一數下面的東西數量，然後在方格裏填上相應的數字，並比一比每組兩邊東西的數量，在圓圈裏填上符號＞、＜或 ＝。

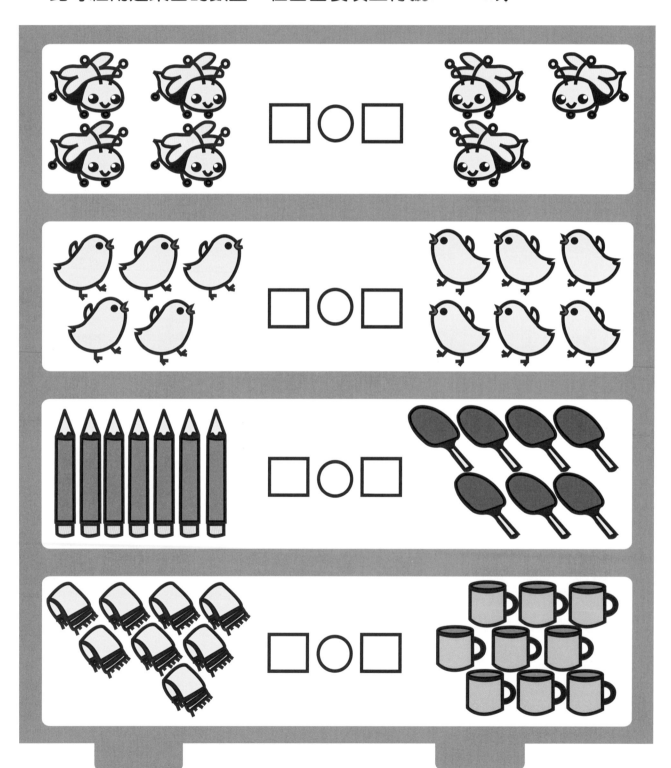

數的比較（六）
比比看

請你仔細觀察下面的每組圖畫，然後想一想，圖畫下面的算式正確嗎？
如果正確，就在方格裏加 ✔；如果不正確，就在方格裏加 ✘。

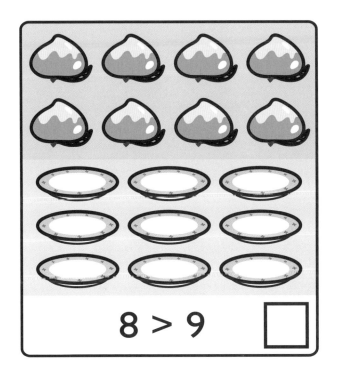

8 > 9

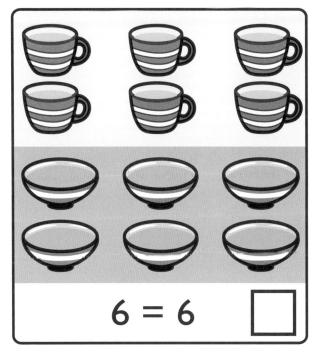

6 = 6

5 < 3

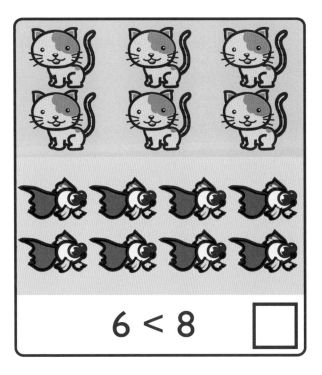

6 < 8

單數和雙數（一）

棒棒糖和蘋果

請你以每 2 個一數的方式，數一數每組棒棒糖的數量，並在方格裏填上相應的數字。完成後再說一說，把每組棒棒糖數到最後時，都會出現什麼情況？

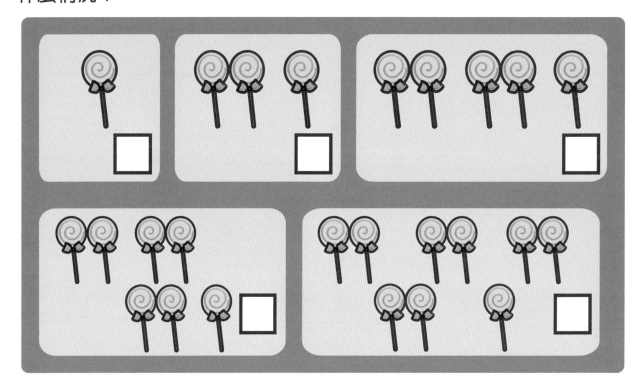

請你分別按着圓圈內的數字，在空格裏畫上相應數量的蘋果。

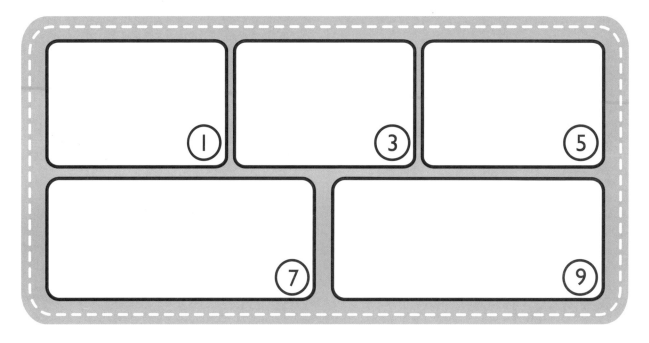

單數和雙數（二）

小髮夾和草莓

請你以每 2 個一數的方式，數一數每組小髮夾的數量，並在方格裏填上相應的數字。完成後再說一說，所有小髮夾都能每 2 個一數嗎？

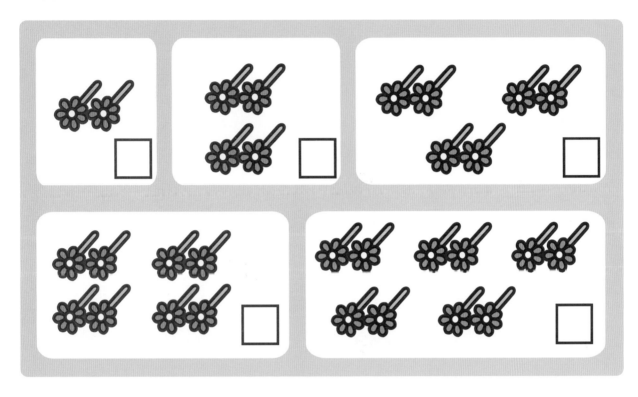

請你數一數每組草莓的數量，並在圓圈裏填上相應的數字。完成後再說一說，它們是單數還是雙數呢？

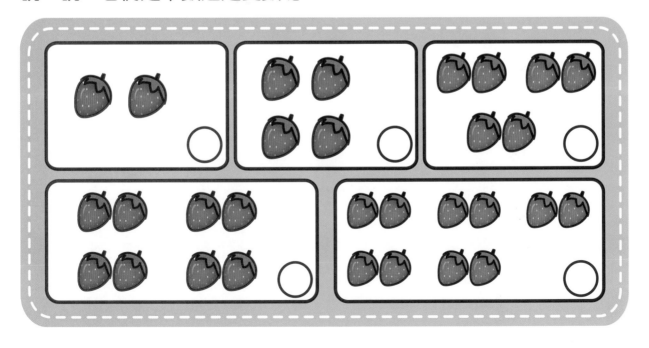

序數（一）
玩具的位置

請你數一數每種玩具放在玩具櫃裏的第幾層和第幾格裏，然後在括號裏填上相應的數字。

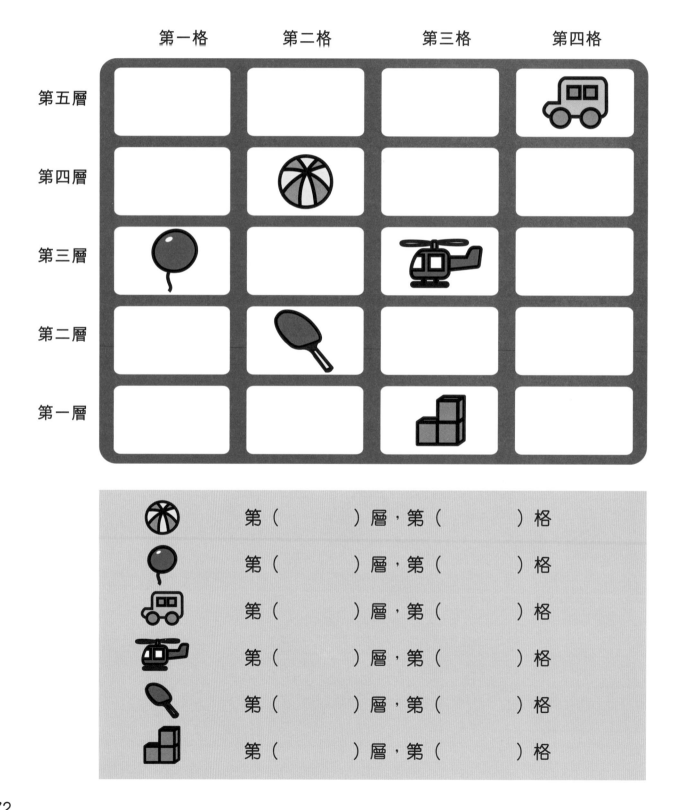

第（　　）層，第（　　）格

第（　　）層，第（　　）格

第（　　）層，第（　　）格

第（　　）層，第（　　）格

第（　　）層，第（　　）格

第（　　）層，第（　　）格

序數（二）
小動物排隊

請你分別數一數，每隻小動物從左邊數起來排在第幾位，從右邊數起來又排在第幾位，並在括號裏填上相應的中國數字。

10 以內的相鄰數（一）

交通工具圈一圈

在下面每組圖案中，比左邊的數字多 1 即是多少呢？請圈出相應數量的交通工具來表達答案。

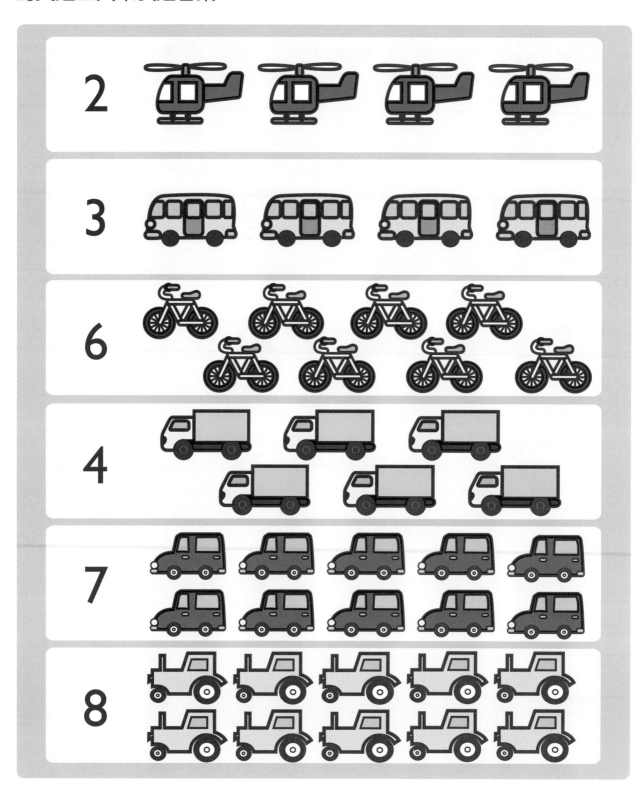

10 以內的相鄰數（二）
物品填色

在下面每組圖案中，比左邊的數字少 1 即是多少呢？請把相應數量的物品填上顏色來表達答案。

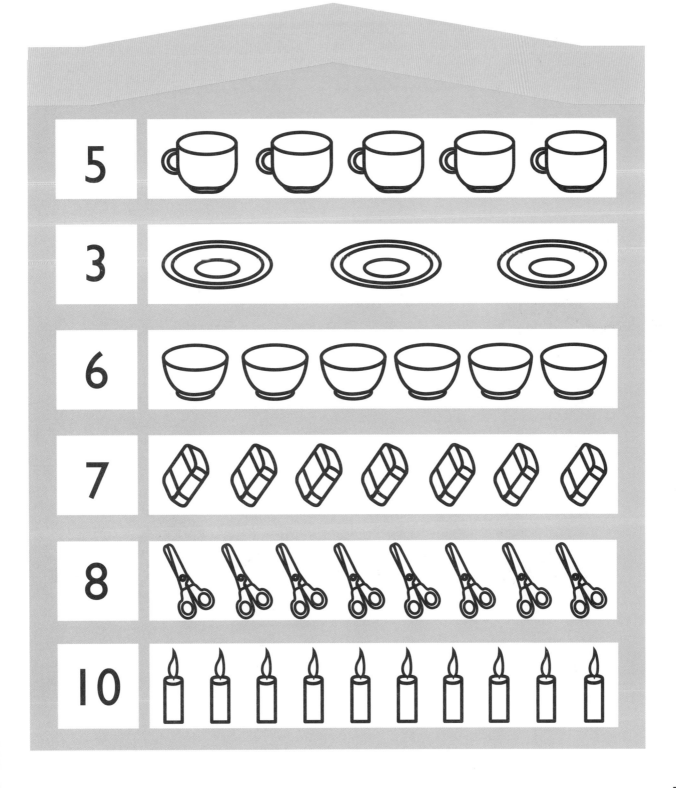

10 以內的相鄰數（三）

尋找好朋友

請你分別按照小朋友手中的數字，找出比它大 1 和比它小 1 的數字，並圈出相應的小朋友。

10 以內的相鄰數（四）

好多的水果

請你數一數每組水果的數量，然後按照數字的排列順序（左邊的最小，右邊的最大），畫出相應數量的水果，並在方格裏填上正確的數字。

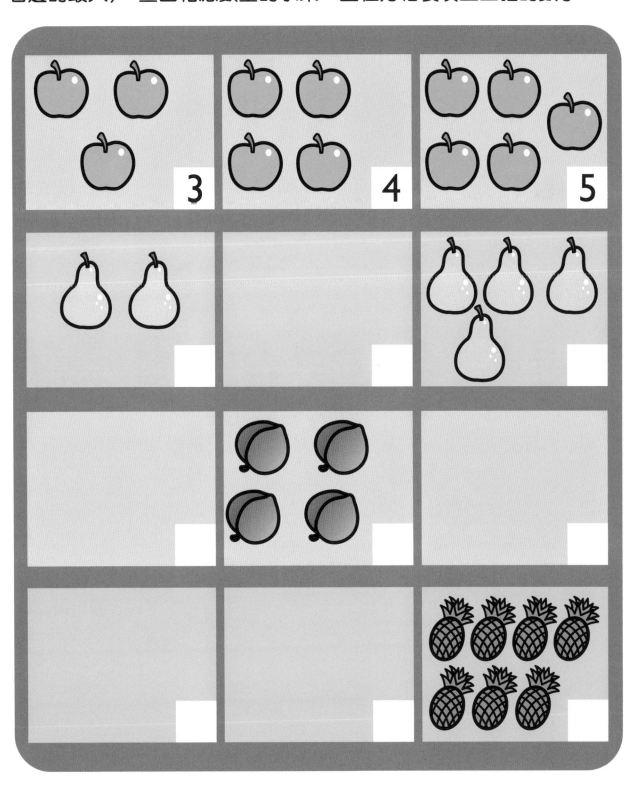

數量守恆（一）
判斷遊戲

下面每組上下兩排東西的數量相同嗎？如果相同，就在方格裏加 ✔；
如果不同，就在方格裏加 ✘。

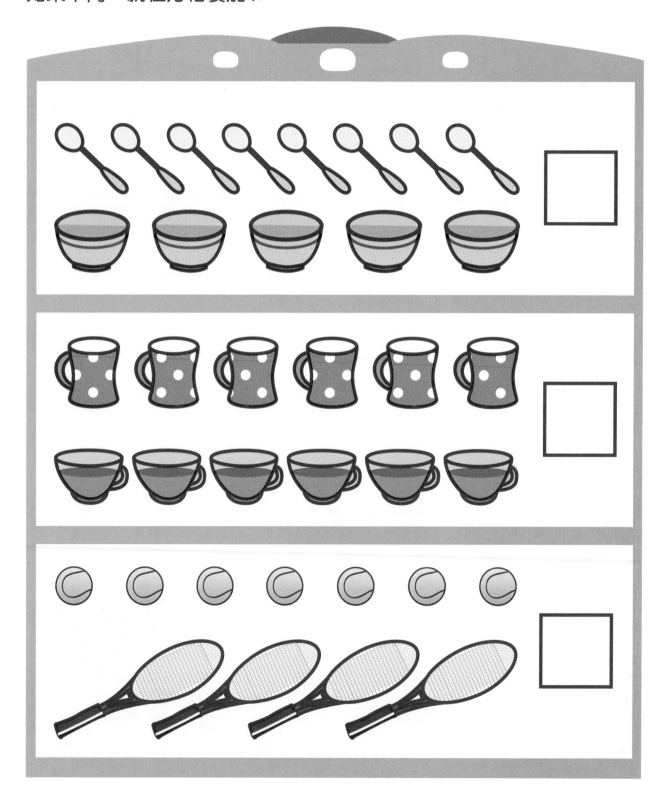

數量守恆（二）

數數看

請你分別數一數每項物品的數量有多少，如果同組的物品數量相同，就給右邊的花填上顏色。

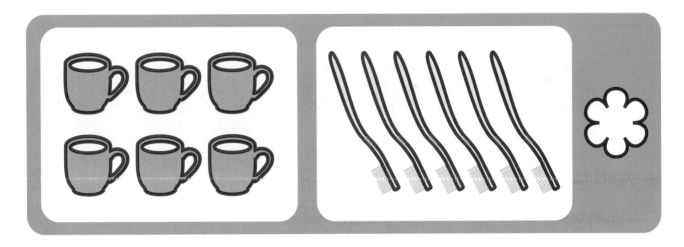

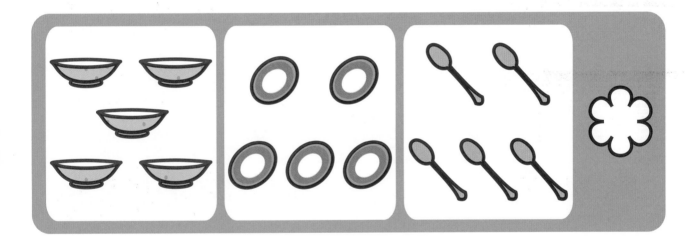

添上（一）

添畫遊戲

請你仔細觀察下面的圖畫，然後想一想，在中間的長框裏添上多少東西，可讓左邊與中間的東西相加後，和右邊的東西一樣多？請在長框裏畫上圖案，並在方格裏填上相應的數字。

| 1 | 2 | 3 |

| | | 4 |

| | | 5 |

| | | 6 |

請你仔細觀察左邊的圖畫，然後想一想，在中間的長框裏添上多少東西，可讓左邊與中間的東西相加後，其數量和右邊的數字相等？請在長框裏畫上圖案，並在方格裏填上相應的數字。

1　　2　　3

6

4

5

去掉（一）
小動物一樣多

請你分別觀察左邊的每組小動物，然後想一想，要去掉左邊多少隻小動物，才能使左邊和右邊的小動物一樣多？請圈出要去掉的小動物。

去掉（二）
衣服一樣多

請你分別觀察左邊的每組衣服，然後想一想，要去掉左邊多少件衣服，才能使左邊和右邊的衣服一樣多？請在要去掉的衣服上加 ✗。

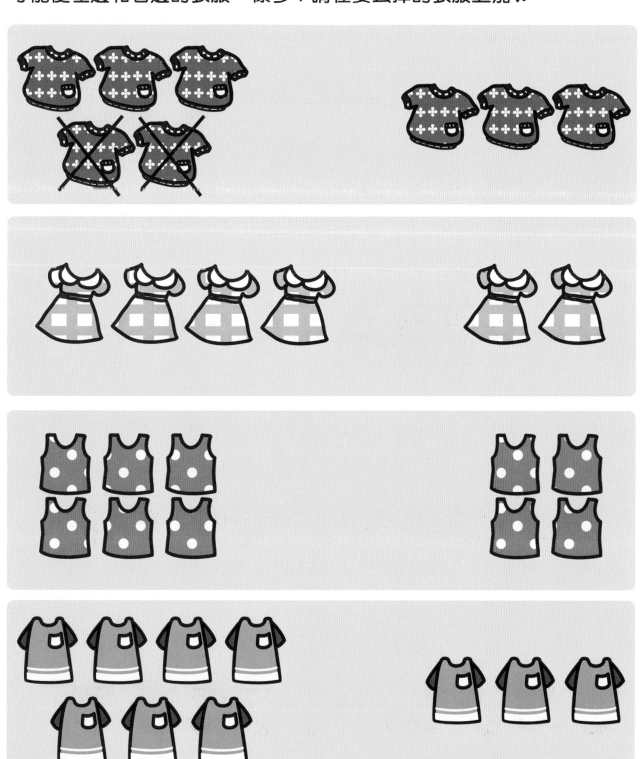

去掉（三）

圈一圈

請你分別觀察下面的每組交通工具，然後想一想，要去掉多少輛交通工具，才能使它們的數量和右邊的數字相等？請圈出要去掉的交通工具。

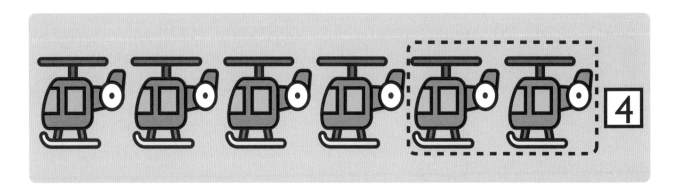

書寫數字 0
可愛的企鵝

請你先沿着圖畫裏的虛線描畫（星星表示開始，圓點表示結束），然後在下面的方格裏練習寫數字 0。

書寫數字 1
燦爛的煙花

請你先沿着圖畫裏的虛線描畫（星星表示開始，圓點表示結束），然後在下面的方格裏練習寫數字 1。

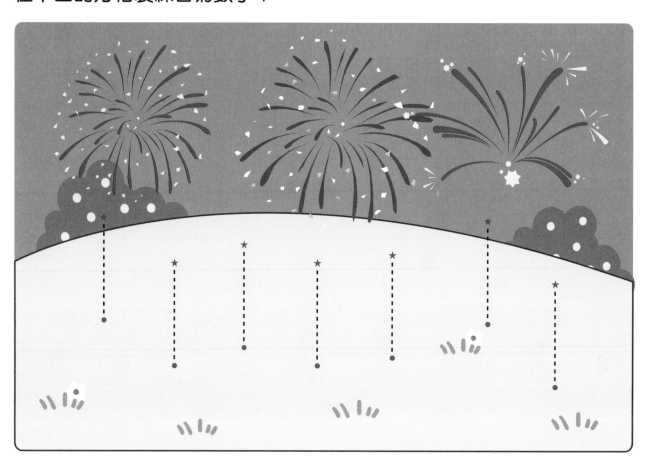

書寫數字 2

鴨子河上游

請你先沿着圖畫裏的虛線描畫（星星表示開始，圓點表示結束），然後在下面的方格裏練習寫數字 2。

書寫數字 3

高飛的小鳥

請你先沿着圖畫裏的虛線描畫（星星表示開始，圓點表示結束），然後在下面的方格裏練習寫數字 3。

書寫數字 4
來踏滑板車

請你先沿着圖畫裏的虛線描畫（星星表示開始，圓點表示結束），然後在下面的方格裏練習寫數字 4。

書寫數字 5
魚兒水中游

請你先沿着圖畫裏的虛線描畫（星星表示開始，圓點表示結束），然後在下面的方格裏練習寫數字 5。

5	5	5	5	5	5	5

書寫數字 6

緩慢的烏龜

請你先沿着圖畫裏的虛線描畫（星星表示開始，圓點表示結束），然後在下面的方格裏練習寫數字 6。

書寫數字 7
活潑的松鼠

請你先沿着圖畫裏的虛線描畫（星星表示開始，圓點表示結束），然後在下面的方格裏練習寫數字 7。

書寫數字 8
草地上的毛毛蟲

請你先沿着圖畫裏的虛線描畫（星星表示開始，圓點表示結束），然後在下面的方格裏練習寫數字 8。

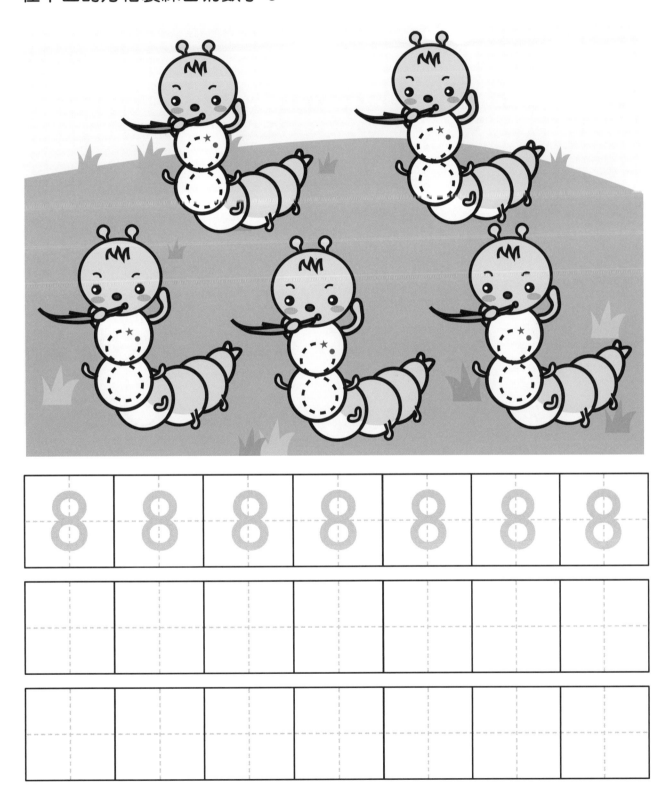

書寫數字 9
兔子撲蝶

請你先沿着圖畫裏的虛線描畫（星星表示開始，圓點表示結束），然後在下面的方格裏練習寫數字 9。

書寫數字 10
美麗的甲蟲

請你先沿着圖畫裏的虛線描畫（星星表示開始，圓點表示結束），然後在下面的方格裏練習寫數字 10。

10 10 10 10 10 10 10 10 10

數字綜合練習
找一找

下面的圖畫裏藏着了數字 1 至 10，請你把數字找出來，並給它們填上顏色吧。

答案

第 9 頁

藍色正方形：4 個

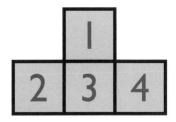

綠色正方形：8 個

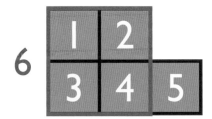

粉紅色正方形：6 個

橙色正方形：11 個

淺藍色正方形：14 個

第 10 頁

藍色正方形：4 個

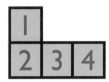

淺橙色正方形：10 個

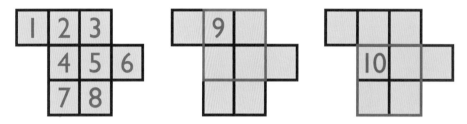

黃色正方形：10 個

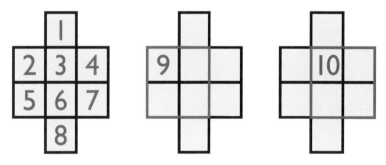

橙色正方形：7 個

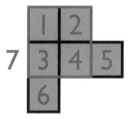

綠色正方形：9 個

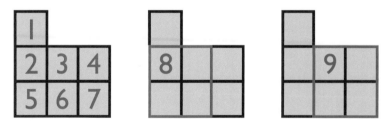

紫色正方形：6 個

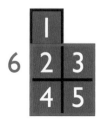

粉紅色長方形：18 個

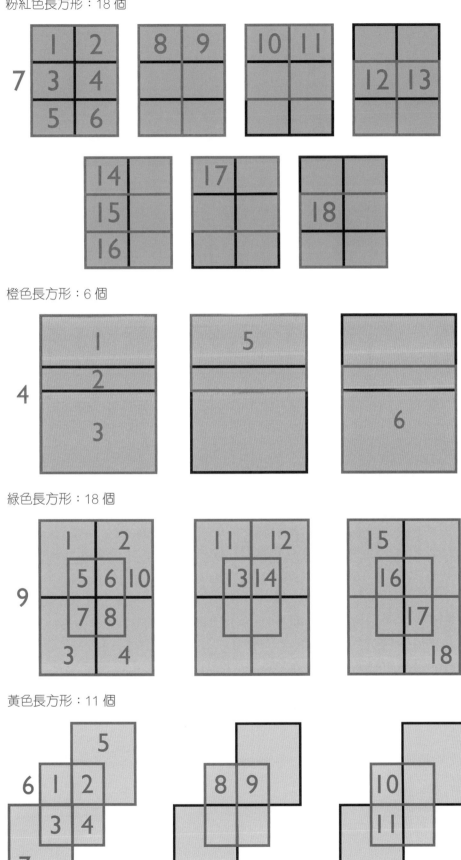

橙色長方形：6 個

綠色長方形：18 個

黃色長方形：11 個

第 12 頁

紅色長方形：9 個

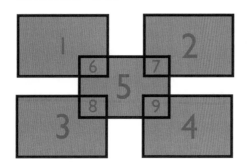

黃色長方形：18 個

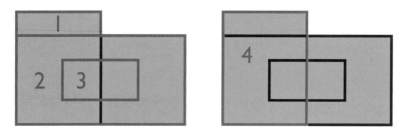

粉紅色長方形：4 個

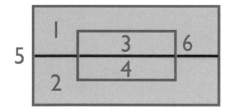

綠色長方形：6 個

第 13 頁

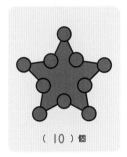

（ 10 ）個

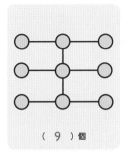

（ 9 ）個

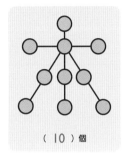

（ 10 ）個

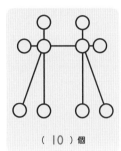

（ 10 ）個

第 14 頁

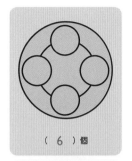

（ 6 ）個

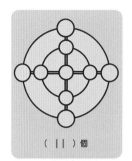

（ 11 ）個

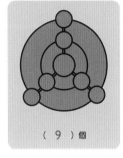

（ 9 ）個

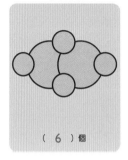

（ 6 ）個

第 15 頁

青色三角形：2 個

桃紅色三角形：5 個

藍色三角形：3 個

橙色三角形：6 個

粉紅色三角形：7 個

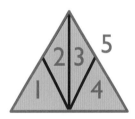
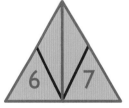

綠色三角形：6 個

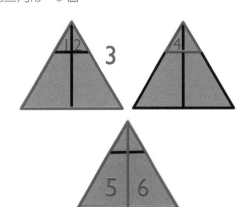

第 16 頁

（5 個）
（8 個）
（9 個）
（3 個）

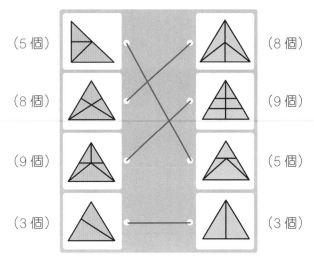

（8 個）
（9 個）
（5 個）
（3 個）

第 17 頁

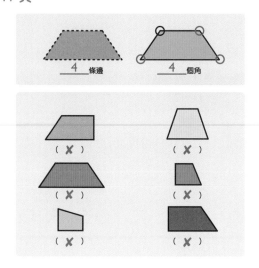

第 18 頁

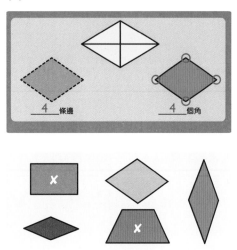

菱形的邊一樣長，正方形的邊也一樣長，但正方形的角都是直角（可以在角的位置形成小正方形）。

第 19 頁

第 20 頁

第 21 頁

102

第 22 頁

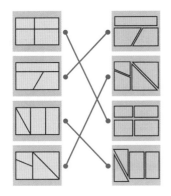

第 23 頁

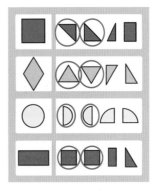

第 24 頁

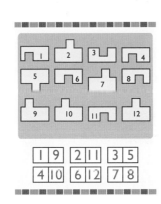

第 25 頁

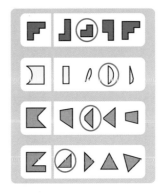

第 26 頁

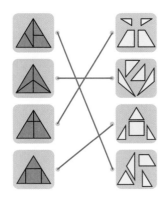

第 27 頁

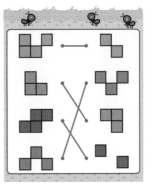

第 28 頁

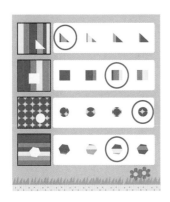

第 29-31 頁

略

第 32 頁

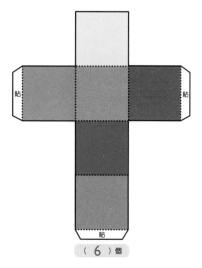

（ 6 ）個

第 33 頁

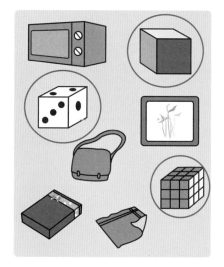

第 34 頁

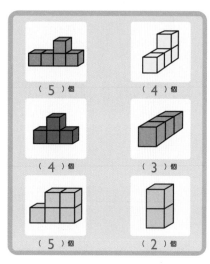

（ 5 ）個 （ 4 ）個

（ 4 ）個 （ 3 ）個

（ 5 ）個 （ 2 ）個

第 35 頁

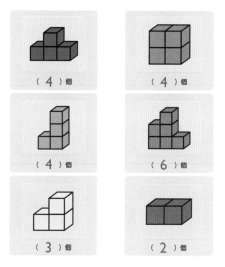

（ 4 ）個 （ 4 ）個

（ 4 ）個 （ 6 ）個

（ 3 ）個 （ 2 ）個

第 36 頁

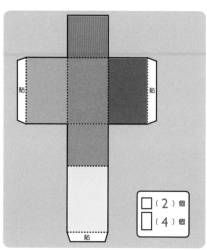

☐ （ 2 ）個
☐ （ 4 ）個

第 37 頁

第 38 頁

第 39 頁

第 40 頁

第 41 頁

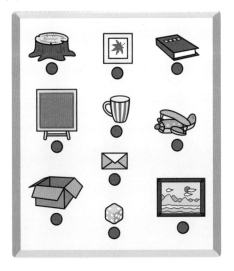

第 42 頁

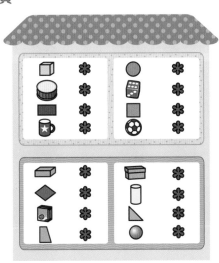

第 43 頁

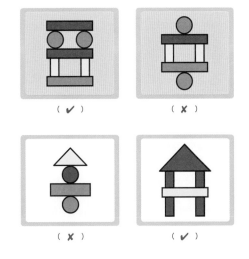

第 44 頁

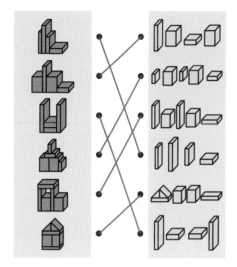

第 45 頁

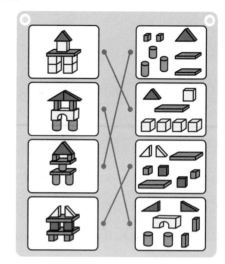

第 46 頁

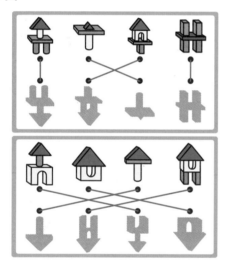

第 47 頁

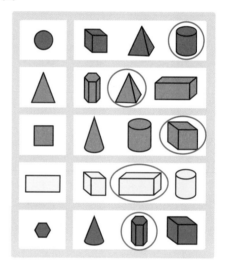

第 48 頁

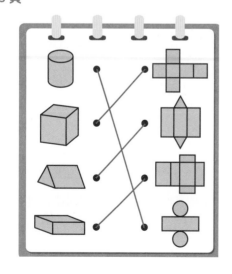

第 49 頁

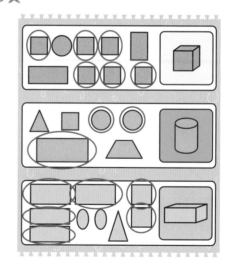

第 50 頁

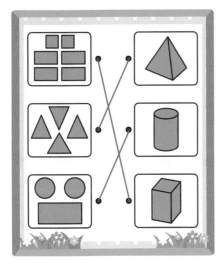

第 51 頁

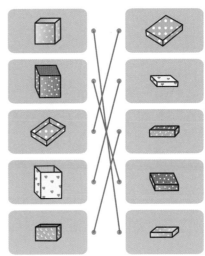

第 52 頁

第 53 頁

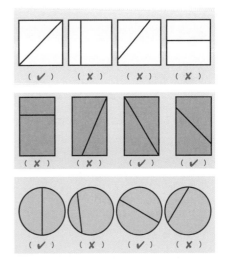

第 54 頁

第 55 頁

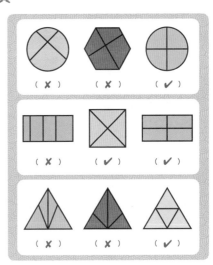

第 56 頁

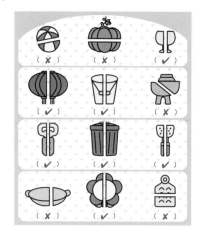

第 58 頁

略

第 59 頁

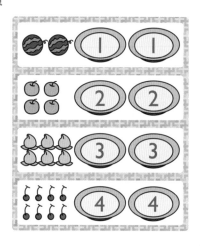

第 61 頁

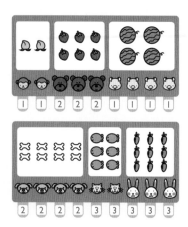

第 57 頁

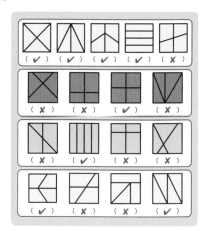

等分後的形狀（由上至下、左至右）分別是三角形、
三角形、梯形、長方形、正方形、長方形、梯形、
三角形。

第 60 頁

第 62 頁

第 63 頁

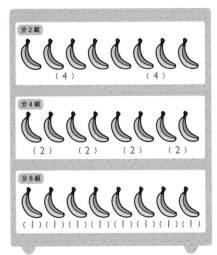

第 64 頁

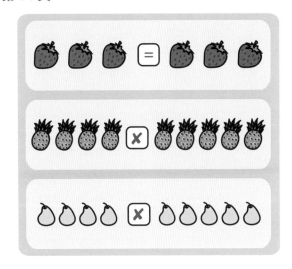

第 65 頁

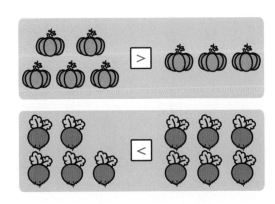

第 66 頁

參考答案

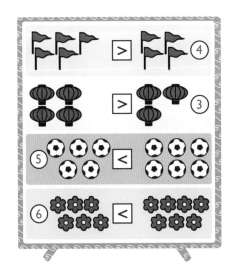

第 67 頁

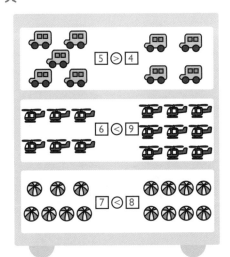

第 68 頁

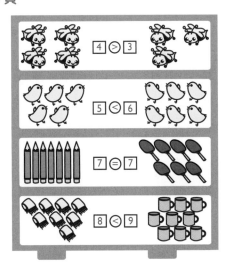

第 69 頁

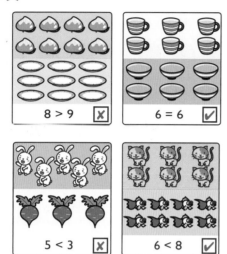

第 70 頁

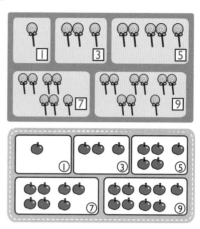

以每 2 個一數的方式數棒棒糖，最後都會剩下 1 個。

第 71 頁

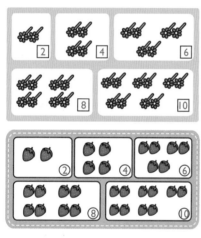

所有小髮夾都能每 2 個一數；每組草莓的數量都是雙數。

第 72 頁

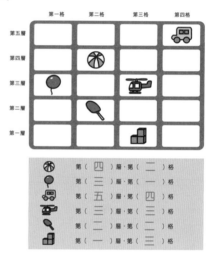

第 73 頁

第 74 頁

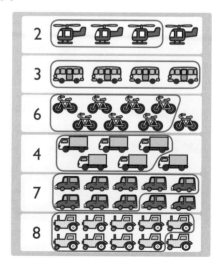

第 75 頁

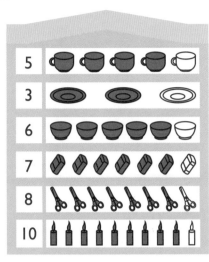

第 76 頁

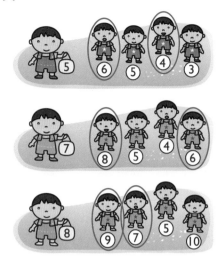

第 77 頁

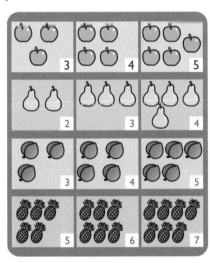

第 78 頁

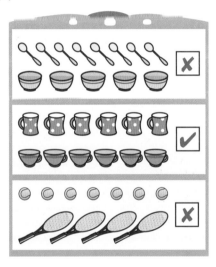

第 79 頁

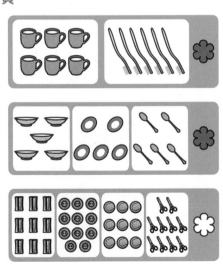

第 80 頁

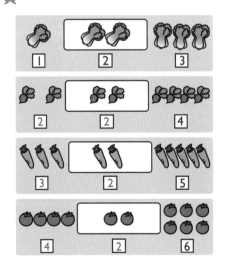

第 81 頁

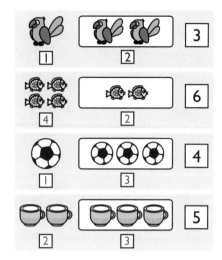

第 82 頁

第 83 頁

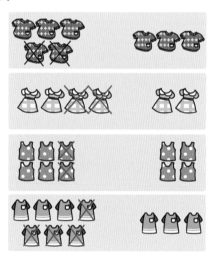

第 84 頁

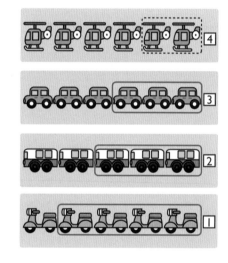

第 85-95 頁

略

第 96 頁

第18頁

第24頁

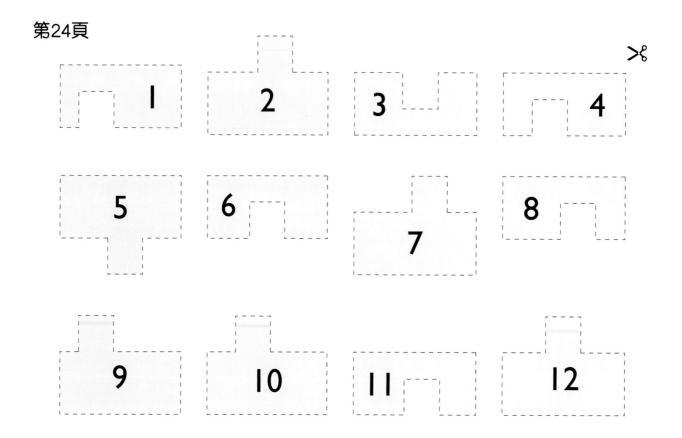

第32頁

第36頁

貼

貼

貼

貼

貼

貼

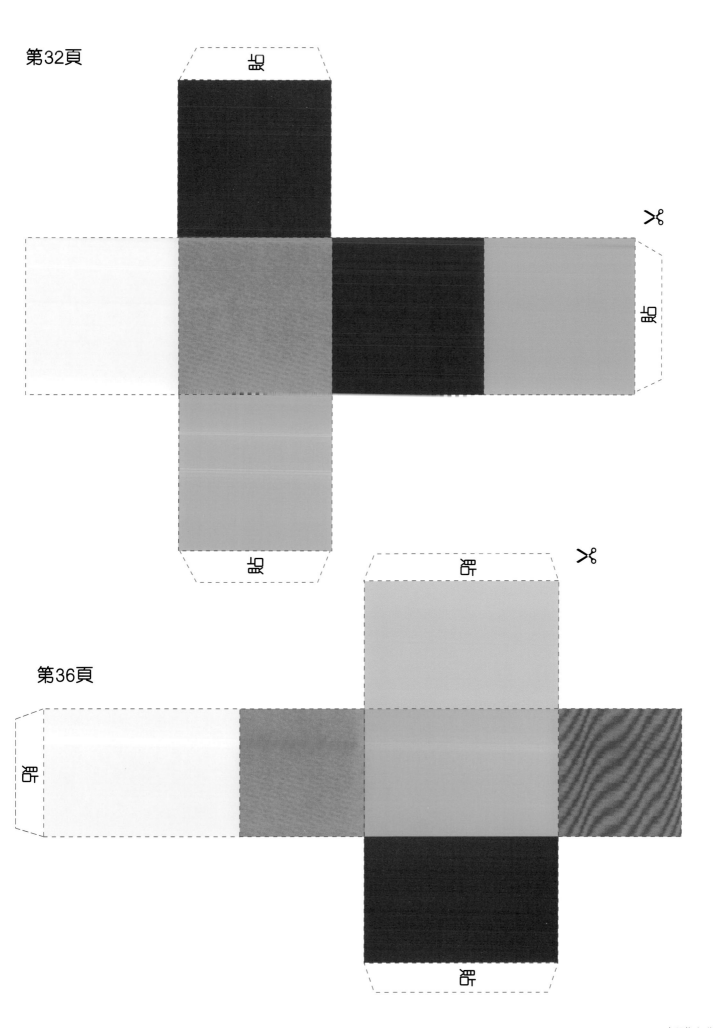